Liebe Esther,

100 Dinge, die du im Wald tun kannst

... weil wir ja zu Zeit nichts anderes tun können.

Jennifer Davis

Mit Illustrationen von Eleanor Taylor

Aus dem Englischen von Ulrich Korn

Vielleicht stehen noch paar Ideen drin, die ihr „Waldmenschen" noch nicht kennt.

Laurence King Verlag

Ich freue mich auf euch „After Corona"
Gruß Ramona

Inhalt

Einleitung 6
01 Gummiband aus Löwenzahn 8
02 Folge einem Insekt 9
03 Heilsames Birkenbad 10
04 Die Messerwahl 11
05 Erdung 13
06 Lasse den Würfel entscheiden 15
07 Wassertrommeln 16
08 Die Stille der 20 Dinge 17
09 Essbare Wildblumen 18
10 Gesichter aus Lehm 23
11 Steintürmchen 24
12 Gänseblümchenkette 25
13 Feuer machen 26
14 Ein natürlicher Rahmen 29
15 Yoga im Wald 30
16 Disc-Golf einmal anders 33
17 Stockbrot – einfach und lecker 34
18 Auffrischung für die Augen 36
19 Kuhfladen-Frisbee 37
20 Einfach nur gehen 38
21 Höre den Bäumen zu 40
22 Kunstformen in der Natur 41
23 Baumklettern 42
24 Die Poesie der kleinen Dinge 43
25 Bäume erkennen 44
26 Waldbaden 47
27 Entspannen in der Hängematte 48
28 Rendezvous mit einem Baum 50
29 Halskette aus Holunder 51
30 Akustische Kontemplation 52
31 Schatten nachzeichnen 53
32 Müll aufsammeln 54
33 Ein bunter Spaziergang an grauen Tagen 55
34 Insektenschutz 56
35 Baumschmücken 58
36 Der richtige Umgang mit Messern 59
37 Sirup aus Kiefernnadeln 61
38 Ein Waldtagebuch 62
39 Pu-Stöckchen 64
40 Essbare Beeren 65
41 Progressive Muskelentspannung 68
42 Grashalmflöte 69
43 Feierlichkeiten zur Sommersonnenwende 70
44 Tiere aufspüren: Spuren und Hinweise 72
45 Besser atmen 74
46 Land-Art selbst gestalten 75
47 Schnitzkunst 76
48 Body Painting 79

100 Dinge, die du im Wald tun kannst

Für meine Eltern,
deren Arbeit nie getan ist.

Laurence King Verlag GmbH
Jablonskistraße 27, 10405 Berlin
www.laurencekingverlag.de

Gestaltung: Florian Michelet
Lektorat: Emily Asquith
Korrektorat: Rosanna Fairhead

Für die deutsche Ausgabe
Übersetzung: Dr. Ulrich Korn, Dortmund
Lektorat: hauffe publishing, Dortmund
Satz: Igor Divis, Dortmund
Projektleitung: hauffe publishing, Dortmund

ISBN: 978-3-96244-141-8
2. Auflage 2020
Hergestellt in China

Laurence King Publishing setzt sich für eine ethische und nachhaltige Produktion ein. Wir sind stolzes Mitglied des Book Chain Project®.
Bookchainproject.com

BOOK CHAIN PROJECT

MIX
Papier aus verantwortungsvollen Quellen
FSC
www.fsc.org
FSC® C008047

49 Fitnesstraining im Freien ... 81
50 Zahnbürste aus Holz ... 85
51 Wabi-Sabi ... 86
52 Holunderblüten-Krapfen ... 87
53 Gegensätze erkennen ... 89
54 Bau eines Unterschlupfes ... 90
55 Gehen und meditieren ... 94
56 Selbstloses Schenken ... 95
57 Blick in die Baumkrone ... 96
58 Kochen im Freien ... 98
59 Im Dreck graben ... 100
60 Waldluft schnuppern ... 101
61 Blattkunst ... 102
62 Leben in Symbiose 104
63 Wunschbaum ... 105
64 Kontemplation am Wasser ... 106
65 Tiere aufspüren: Fußabdrücke ... 108
66 Stiller Spaziergang zu zweit ... 110
67 Akatalepsie ... 111
68 Große und kleine Geschäfte im Wald ... 112
69 Ein Hoch auf den Apfelbaum! ... 114
70 Dadirri ... 116
71 Knoten binden ... 117
72 Natürliche Navigation ... 120
73 Regensymphonie ... 122
74 Kunst im Wald ... 123
75 Kerzenpfad ... 124
76 Unbewusste Konzentration ... 126
77 Guten Tag, Herr Elster ... 127
78 Tiere aufspüren: Kot oder Losung ... 128
79 Beruhigendes Feuer ... 130
80 Haarwasser aus Schachtelhalmen ... 131
81 Ziele setzen ... 132
82 Nahrhafte Nesseln ... 133
83 Zahlen, bitte! ... 134
84 Gib deinem Wald Namen ... 135
85 Solarofen ... 136
86 Rituelles Wandeln . 138
87 Fischkitzeln ... 139
88 Wildschwimmen ... 140
89 Die Unbekümmertheit des Seins ... 142
90 Fotografieren im Wald ... 143
91 Selbstgemachte Hecken-marmelade ... 144
92 Natürliche Bewegungs-abläufe ... 146
93 Wanderstock ... 147
94 Zielen und schleudern ... 148
95 Ein Ort der Kontemplation ... 149
96 Picknick mit Teddy ... 150
97 Auf der Suche nach Dämonen ... 152
98 Natürliche Gesichtsmasken ... 153
99 Meditations-labyrinth ... 154
100 Engagiere dich als Amateur-Phänologe ... 155

Register ... 156
Register nach Kategorien ... 158
Danksagung ... 160

Schlüssel zu den Symbolen

Es gibt in diesem Buch fünf Kategorien, und jedes Kapitel ist einer bestimmten Kategorie zugeordnet, die an dem Symbol neben der Kapitelnummer erkannt werden kann.

Kreativität, Herstellung und Interaktion

Walderkundung beim Spazierengehen

Essen und Trinken

Meditation, Achtsamkeit und Entspannung

Nützliches Geschick im Wald und Überlebenstechniken

Einleitung

Das moderne Leben lässt uns nicht viel Zeit, die Natur zu genießen. Wir stecken in der Zeitfalle, können nur noch gegen die Zeit *anrennen* und uns nicht mehr die Zeit *nehmen*, die Dinge schätzen und lieben zu lernen. Diese Erfahrung können wir nur machen, wenn wir uns entschleunigen.

Heutzutage müssen uns die Ärzte verschreiben, regelmäßig auf Tuchfühlung mit der Natur zu gehen, und zwar als Heilmittel gegen die verschiedensten Gesundheitsprobleme. So gut und wohlmeinend dieser Ratschlag auch ist, die Frage bleibt doch: Was sollen wir da draußen machen?

Balsam auf die Narben des modernen Lebens

Dieses Buch stellt uns Möglichkeiten vor, das Abenteuer Natur in unseren Alltag zu holen. Betrachten wir sie als Einladungen, uns Erlebnisse „höchster Achtsamkeit" verschaffen, die durch erhöhte Konzentration und mehr Energie dazu beitragen, eine Beziehung zur Natur aufzubauen. Das Naturerlebnis beseelt Körper und Geist, das wirst du auch dann spüren, wenn du nicht gerade im Wald spazieren gehst.

Alle Aktivitäten in diesem Buch sollen dazu dienen, dass du dir in der Natur Momente tiefer Konzentration verschaffst. Erlange deine ruhige innere Stimme zurück, die deine Persönlichkeit stärkt und den notwendigen Spieltrieb in dir weckt; die dir das Rüstzeug und das Vertrauen für den Wald verleiht. Werde dir deiner Rolle als verantwortlicher Teil unserer lebendigen Welt bewusst.

Warum nach draußen gehen?

In den Buchhandlungen finden sich viele Regalmeter mit Achtsamkeitsratgebern, die man bequem auf dem Sofa studieren kann. Wozu sich also die Schuhe schmutzig machen?

Übrigens: Um Vitamin D zu tanken, ohne sich einen Sonnenbrand zu holen, gibt es wohl nichts Besseres, als das gefilterte Sonnenlicht im Wald zu genießen. In diesem Buch findest du noch viele weitere Erklärungen zu den gesundheitlichen Vorteilen, die regelmäßige Ausflüge ins Freie bei natürlichem Licht und dem Erlebnis der Elemente mit sich bringen. Und draußen ist dort, wo die Bäume sind, die sanften Riesen unseres Planeten, für die wir alle Verantwortung tragen, um sie zu erhalten und uns an ihnen zu erfreuen.

Schutz unserer Welt

Umweltbewusst zu handeln ist das Gefühl der persönlichen Verantwortung für den Erhalt oder die Verbesserung der Umwelt.

Ob unscheinbare Kleinigkeiten, wie das Aufsammeln von Plastikmüll, oder politische Lobbyarbeit für ein verändertes Umweltbewusstsein: Jeder Einzelne kann zu unserem Engagement für die Umwelt beitragen. Forschungen zeigen, dass Menschen, die sich regelmäßig in der Natur aufhalten, unweigerlich zu Anwälten derselben werden. Wenn du also öfter raus in die Natur gehst, um dich den Aktivitäten in diesem Buch zu widmen, wirst du irgendwann zu einem Öko-Ritter – ob du es nun willst oder nicht.

Kein Sorge, die Natur kann es verkraften

Wenn wir gegenüber der Natur nur „bloß nicht anfassen" fordern, laufen wir Gefahr, die Menschen zu erschrecken, sodass sie denken, die Natur sei das ganz *Andere*, etwas, das wir nicht besitzen können. Die Angst, sich schmutzig zu machen, ein Blatt von einem Baum zu pflücken oder ein Baumhaus zu bauen, hat uns unsere natürliche Welt genommen. Aber was ist schon die „Zerstörung", die dadurch herbeigeführt wird, dass wir Kindern erlauben, eine Blume zu pflücken und damit ein Stück Natur zu *besitzen*, im Vergleich zu den Zerstörungen durch multinationale Konzerne? Geleitet von Menschen, die keinerlei Bezug zur Natur haben, die ihr Vermögen damit gemacht haben, dass sie den Profit über die Nachhaltigkeit stellen. Macht also weiter, pflückt die Blumen, esst die Pflanzen oder baut eine Höhle. *Die Natur wird es verkraften.*

Höchste Zeit, Spuren zu hinterlassen

Natürlich müssen bei jedem Besuch eines Waldes und eines Naturraums die Bedürfnisse der anderen berücksichtigt werden. Die Reste eines Lagerfeuers oder Abfall achtlos zu hinterlassen oder sinnlos Bäume zu beschädigen, ist immer inakzeptabel. „Bitte keine Spuren hinterlassen": Diese mahnenden Worte sollen auf unsere Verantwortung für die Erhaltung unserer Naturräume hinweisen. Aber: Wie ist es um die von dir hinterlassenen Spuren bestellt, wenn sie eine positive Veränderung für die lokale Tierwelt bewirken? Wir müssen umdenken und daran glauben, dass es unsere Verantwortung ist, Spuren zu hinterlassen – Veränderungen vorzunehmen, die sowohl die Tierwelt als auch die Rechte von Kindern und Erwachsenen auf ein Leben in der Natur fördern. Öffentliche Wälder sind keine toten Räume, die „angelegt" wurden, damit sie bleiben, wie sie sind. Nein, es sind Orte, an denen wir uns treffen und feiern, an denen Familien zueinanderfinden und die uns daran erinnern, dass wir, die Menschen, ohne unsere Wälder und Bäume gar nichts sind.

Also, raus in die Natur! Kümmert euch um euren Körper und Geist, lebt in und mit der Welt, die euch versorgt. Habt Spaß da draußen, hinterlasst eure Spuren und macht die Welt zu einem besseren Ort.

Es gibt keinen Plan(eten) B.

01

Gummiband aus Löwenzahn

Der viel geschmähte Löwenzahn ist in Wirklichkeit ein echtes Kraftpaket: nicht nur in Sachen Ernährung, denn er enthält viel Kalzium und viele wichtige Vitamine, sondern er hat auch einen praktischen Nutzen. Es ist wirklich beschämend, dass er regelmäßig ausgegraben wird und auf der ganzen Welt in Biotonnen verschwindet.

Neben seiner gesundheitsfördernden Wirkung als Nahrungsmittel kann aus Löwenzahn (siehe Seite 18) auch Latex hergestellt werden, der Hauptbestandteil der Kautschukproduktion. Aufgrund seiner geringen Größe ist es nicht möglich, auf industrielle Weise große Mengen Latex aus seinem Stiel zu extrahieren. Aber du als kleine Ich-AG, wenn auch nur für einen Nachmittag, kannst aus dem Saft ein Gummiband herstellen. Sammle eine Handvoll Löwenzahnstiele, brich sie in zwei Hälften und drücke den milchigen Saft in deine Handfläche. Wenn du etwa die Menge eines Esslöffels hast, tauchst du deinen Zeigefinger hinein und lässt ihn trocknen. Anschließend rollst du den Saft in eine kleine Röhrenform und ziehst ihn vom Finger – jetzt hast du ein passables Gummiband. Es ist vielleicht nicht stark genug, um von allzu großem Nutzen zu sein. Aber allein die Herstellung des Bandes ist schon höchst befriedigend.

02

Folge einem Insekt

Kinder muss man zum Herumtrödeln nicht anleiten, und das ist vielleicht der wesentliche Unterschied zwischen ihnen und den Erwachsenen. Erwachsene meinen, alles müsse einen Zweck haben, der die Mühe rechtfertigt, etwas zu tun. Das ziellose Umherstreifen und Bummeln hingegen schaffen es leider kaum noch auf unseren Tagesplan.

Kinder dagegen liegen gerne eine Stunde auf dem Bauch und sehen fasziniert einem Wurm zu, wie er seine „Drecksarbeit" erledigt. Oder sie stehen in einem Fluss und beobachten kleine Krabben. Da Kinder bekanntlich wenig Stress haben, selten an Termine gebunden sind und sich keine Gedanken darüber machen müssen, sich Zeit für sich selbst zu nehmen, täte man gut daran, ab und zu ihrem Beispiel zu folgen.

Halte beim nächsten Waldspaziergang Augen und Ohren offen für Insekten und Minimonster. Wenn du Lust hast, wirklich aktiv zu werden, folge einem Schmetterling. Bist du eher etwas faul und träge, halte Ausschau nach einer Schnecke. In welcher Stimmung du auch bist: Suche dir ein Tier und folge ihm. Hierfür brauchst du keinen Terminplan, und es geht auch nicht darum, ein Ziel zu erreichen, sondern: einfach nur schlendern und beobachten. Nimm dir die Zeit, ein wenig von dieser kindlichen Unbefangenheit im Umgang mit der Welt zurückzuholen.

03

Heilsames Birkenbad

Die auf der gemäßigten Nordhalbkugel verbreitete Birke wurde im Laufe der Zeit und in allen Kulturen für viele praktische, spirituelle und medizinische Zwecke verwendet: Bier, Kerzen, Papier, Kleber und Öl sind nur einige der Dinge, die du aus der Birke herstellen kannst.

Wenn dir eher nach Entspannung ist oder du dich von all diesen Waldabenteuern ausgepowert fühlst, wirst du ein Birkenbad zu schätzen wissen. Knipse ein paar kleine Birkenzweige mit grünen Blättern ab (im Winter kannst du einige kahle Zweige abbrechen, um den gleichen Effekt zu erzielen) und verstaue sie, bis du zu Hause bist, in deiner Tasche. Zerbrich die Zweige

und Blätter in einem Topf; solltest du frisches Rosmarin- oder Lavendelöl im Haus haben, kannst du das auch hinzugeben. Lasse alles in kochendem Wasser schwimmen und bis zu einer Stunde ziehen, dann gieße das abgeseihte Gebräu in dein Bad.

Die innere Rinde der Birke enthält viel Vitamin C und eine dem Aspirin ähnelnde Substanz, aber auch entzündungshemmende Betulinsäure. Ein langes, mit Birke angereichertes Bad entspannt Körper und Geist, lindert Muskelkater und vertreibt die Sorgen des Tages.

04

Die Messerwahl

Alle guten Abenteuer im Wald erfordern irgendwann den Einsatz eines Messers. Eventuell musst du einmal ein Seil durchschneiden, dich aus Brombeergestrüpp befreien oder knuspriges Brot schneiden. Eines der schönsten Dinge jedoch, die das Tragen eines Messers mit sich bringt, ist, dass du dich nach Lust und Laune irgendwo hinsetzen und irgendetwas schnitzen kannst (siehe Seite 76 für weitere Informationen über das Schnitzen).

Dafür – und auch für andere Arbeiten – benötigst du ein Messer, das mit spürbarem Gewicht in der Hand liegt, sich stabil anfühlt und eine scharfe Klinge hat. Natürlich soll es auch gut aussehen; lasse dir also etwas Zeit, um die Vorteile diverser Messer zu überdenken, bevor du eins kaufst.

Zunächst einmal musst du dich zwischen Edelstahl, Karbonstahl und einem Hybriden aus Hart- und Edelstahl entscheiden. Jeder hat seine Vorteile: Edelstahl ist robuster und weniger rostanfällig, Karbonstahl kann schneller und feiner geschärft werden, und Hybridstahl versucht, die beiden Merkmale zu vereinen – zum entsprechenden Preis natürlich.

Es gibt viele verschiedene Messerklingen. Der größte Unterschied besteht darin, wie sich das Messer zur Spitze hin verjüngt. **Eine Schaffußklinge** (bei der die Spitze am Ende der gerade verlaufenden Schneide sitzt) eignet sich am besten fürs Schnitzen, da es sich bei Feinarbeiten besser kontrollieren lässt und die Verletzungsgefahr geringer ist. Eine eher traditionelle **Drop-Point-Klinge** (bei der sich die Messerspitze an der vorderen Kante

Schaffußklinge

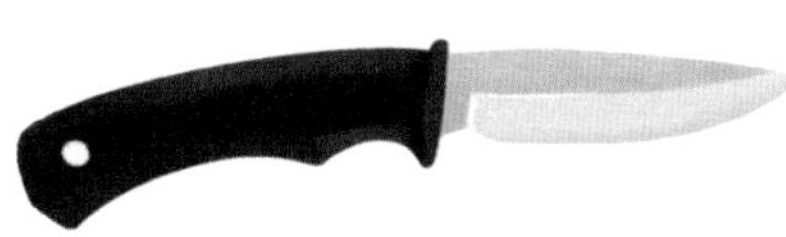

Drop-Point-Klinge

nach oben biegt) ist vielseitiger beim Zerkleinern von Tomaten und Aufschneiden von Kartons, und es ist perfekt einsetzbar als Schnitzmesser, kurz: ein guter Alleskönner.

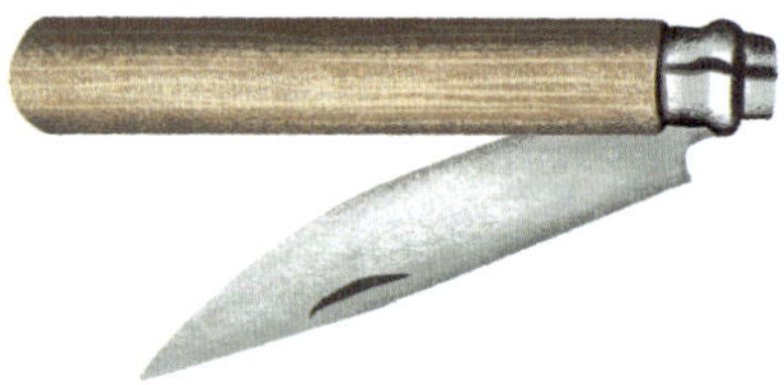

Klappmesser mit Feststellklinge

Feststehendes Messer

Klappmesser mit Feststellklinge sind eine Frage der persönlichen Vorliebe; ein spezieller Mechanismus der Klinge verhindert, dass die Klinge unerwartet einklappt. Ein Klappmesser ist vielleicht eher für junge Menschen gedacht, die gerne Holz schnitzen. Informiere dich aber auf jeden Fall, welche gesetzlich vorgeschriebene Länge die Klinge haben darf.

Du musst dich also zwischen einem Klappmesser und einem feststehenden Messer entscheiden. Letzteres bietet beim Schnitzen mitunter mehr Halt und ist besser zu handhaben; gleichwohl muss es in einer Scheide aufbewahrt werden, daher wirst du es wohl kaum jeden Tag am Körper haben. Hierfür ist ein Klappmesser praktischer; das kannst du bequem in deiner Tasche verstauen. Die anderen werden daher von dir denken, dass du zu den Menschen gehörst, die handwerklich begabt sind und über die man froh sein kann, dass man sie kennt.

Die meisten von uns besitzen mindestens ein Allzweckmesser, und es erfüllt auch seinen Zweck; zum Schnitzen sind solche Messer jedoch weniger geeignet. Wenn du daher ein Messer für den alltäglichen Gebrauch und fürs Schnitzen benutzen möchtest, müsstest du gleich mehrere Messer mit dir herumtragen. Ein Messer muss, wenn es eine gute Hebelkraft bieten und präzise schnitzen soll, eine mittig ausgewuchtete Klinge haben; die meisten Klingen der gängigen Allzweckmesser sind gekröpft. Wer finanziell etwas besser bestellt ist, kann sich ein Schnitzmesser mit zwei oder drei Klingen zulegen; damit lassen sich sowohl grobe Schnitz- als auch Feinarbeiten bewerkstelligen.

05

Erdung

Der Mensch ist die meiste Zeit seines Lebens buchstäblich „isoliert" von der Erde: Schuhe mit Gummisohlen, aus Kunststoff hergestellte Baumaterialien und geteerte Fahrbahnen sind nur einige Beispiele, die den Elektronenaustausch zwischen Erde und Mensch unterbinden. Es gilt, diese Schranken zu überwinden, um den Energiefluss zwischen uns und Mutter Erde wieder ins Gleichgewicht zu bringen.

Dieser etwas mystisch klingenden Vorstellung liegt gleichwohl eine Wissenschaft zugrunde, und das sollte doch Grund genug sein, sich die Schuhe auszuziehen und barfuß im Schlamm zu waten. Das entscheidende Wort ist hier: Erdung. Wir müssen uns erden, um unsere körpereigene Energie mit der unserer Erde in Verbindung zu bringen. Das kann mithilfe einer Erdungsmatte geschehen, doch die einfachste Lösung ist, barfuß zu gehen. Ziemlich abgefahren, nicht wahr? Aber jetzt kommt's: In unserem Körper sind zigtausend elektrische Verbindungen und Signale aktiv, die unentwegt übertragen werden, um die Körperfunktionen aufrechtzuerhalten. Ebenso ist die Erde im Grunde genommen eine riesige Ansammlung elektronenreicher (meist negativ geladener) Teilchen. Wenn der Mensch zu lange von der negativ geladenen Erde isoliert ist und sich zu oft der elektromagnetischen, positive Energie emittierenden Ladung von Handys, Funkmasten, Verkabelungen, WiFi-Signalen und Stromleitungen aussetzt, bringt er damit die Balance des Ladungsausgleichs ins Wanken.

Wissenschaftliche und medizinische Studien haben ergeben, dass der Ladungswechsel im menschlichen Körper nach nur wenigen Stunden Erdung zu einer verbesserten Blutviskosität, einer veränderten Durchblutung, einer besseren Regulation der Cortisolausschüttung und zu einem insgesamt besseren Wohlbefinden beiträgt. Es wäre ein Leichtes, derartige Informationen außer Acht zu lassen, aber der gesunde Menschenverstand erinnert uns daran, dass das Barfußgehen zur Natur des Menschen gehört – Schuhe sind eine relativ junge Erfindung.

Ziehe also deine Schuhe aus, gehe barfuß übers Gras oder im Wald spazieren und mache dir keine Sorgen wegen deiner schmutzigen Füße. Schließlich sind wir uns alle darüber einig, dass Barfußgehen am Strand glücklich macht. Warum also nicht jeden Tag etwas barfuß gehen und die daraus resultierenden Vorteile genießen?

N
W
E
S

06

Lasse den Würfel entscheiden

Diese Idee ist wesentlich älter als Luke Rhineharts Roman *Der Würfler* aus den 1970er Jahren, in dem die Wendungen des Lebens allein von einem Würfel entschieden werden. Da ein Leben voller Zufälle und Unvorhersehbarkeiten gut für die Seele sein kann – und einfach nur Spaß macht –, ist diese Idee schon seit Jahrhunderten verbreitet.

Das Konzept des Spaziergangs mit Würfel ist einfach, wird dich aber um viele Erfahrungen bereichern. Je mehr du dich den Möglichkeiten öffnest, die dich umgeben, desto mehr Gelegenheiten bieten sich dir, diese zu erkunden. Packe also eine Tasche und gehe in deinen Lieblingswald, um einen Tag voller Ungewissheit und Abenteuer zu erleben.

Beginne mit deinem Würfelspaziergang dort, wo du auch sonst losgehen würdest. Da du am Ende wahrscheinlich wieder zu deinem Ausgangsort zurückkehren musst, markiere dir die Stelle auf der Karten-App deines Handys oder notiere dir das Planquadrat (es sei denn, du willst abends wirklich nicht zurück nach Hause). Das Schöne, dass der Würfel dein einziger Begleiter ist, besteht darin, dass allein du die Auswahl triffst, die dir offensteht. So kann die Zahl des Würfels darüber bestimmen, welches Kartenquadrat du wählst. Oder du wählst zwischen zwei Möglichkeiten, indem du die eine einer ungeraden und die andere einer geraden Zahl zuweist. Wie immer du auch dabei vorgehst, lege deine Auswahl vorher fest und lasse dann den Würfel darüber entscheiden.

Andere Stellen, an denen du den Würfel bestimmen lassen kannst, sind zum Beispiel Abzweige vom Hauptweg. Geradeaus gehen oder abbiegen? Du kannst auch jederzeit stehen bleiben und würfeln: Den Baum vor dir hochklettern oder weitergehen? Die Brücke überqueren oder durch den Bach gehen? Dem Zickzackkurs des Schmetterlings folgen oder auf dem Weg bleiben? Du kannst den Würfel auch entscheiden lassen, ob du deinen Spaziergang fortsetzt, in dein Auto steigst und in eine Kneipe fährst oder den ganzen Nachmittag auf einer Bank sitzt.

Wie bei so vielen Dingen, die man im Leben tut, gibt es bei diesem Spiel keine genaue Antwort. Einen Würfel deinen Weg bestimmen zu lassen, ist interessant und wirkt befreiend – und es ist eine Gelegenheit, unsere alltäglichen Entscheidungen, und welche Bedeutung wir ihnen beimessen, zu überdenken.

07

Wassertrommeln

Sich im Regenwald allein nach dem Gehör zu orientieren, erfordert Geschicklichkeit. Hier ist Grün die vorherrschende Farbe, und die Sicht ist durch das dichte, dunkle Blattwerk begrenzt. In solchen Wäldern haben die Menschen eine lebhafte Musikalität entwickelt, da sie sich auf die Töne und Geräusche und auf ihr fein abgestimmtes Hörsystem verlassen müssen, das daraus resultiert. Musik ist gleichzeitig ein Mittel zur Kommunikation, zum Weitererzählen von Geschichten, für die soziale Interaktion, und sie ist Balsam für die Seele.

Für einige Waldbewohner sind Töne, Musik und Überleben im Alltag miteinander verknüpft. So wie Musik überall zu finden ist, so kann auch alles als Instrument dienen. Ein solches Instrument ist der Fluss, der sich durch den Wald zieht. Bis zu den Hüften im Fluss stehend, schlagen Gruppen von Musikern mit den Händen auf die Wasseroberfläche, indem sie unterschiedliche, synkopische Rhythmen spielen. Dieses rhythmische Schlagen wirkt inspirierend durch seine gleichzeitige Einfachheit und Komplexität. Es ist Musik, die Freude und Kraft ausdrückt, und es macht Spaß, sie zu kreieren.

Das Land an Flüssen und Bächen ist oft sehr fruchtbar, von daher ist es nicht ungewöhnlich, eine geeignete Stelle zum Wassertrommeln in deiner heimischen Waldgegend zu finden. Es ist zwar eher unwahrscheinlich, dass du und deine Liebsten beim ersten Mal etwas zustande bringen, das so ähnlich klingt wie Musik. Aber ihr könnt unterschiedliche Töne erzeugen, indem ihr mit euren Händen aus verschiedenen Winkeln und im unterschiedlichen Tempo auf das Wasser schlagt. Es bedarf nicht viel Übung, um ein einfaches Thema zu erfinden, das synkopiert oder mit dem eines Freundes kombiniert werden kann, sodass ein schöner Rhythmus entsteht. Ein kleines Musikstück nur durch Wassertrommeln zu komponieren, erzeugt das Gefühl von Gemeinschaft und Freude, und es sorgt für Erholung bei deinem nächsten Picknick am Fluss.

08

Die Stille der 20 Dinge

Wer jemals an einem Gedenktag teilgenommen hat, weiß, dass einem zwei Minuten absoluter Stille und Ruhe wie eine lange Zeit vorkommen. Wir nehmen uns selten einen Moment Zeit, um innezuhalten und hinzuhören oder selbst still zu sein, ohne dabei zu überlegen, zu planen oder zu analysieren. Und doch ist es die Stille, in der wir am besten Ruhe in uns selbst finden und das Leben außerhalb von uns akzeptieren.

Das Schweigen der 20 Dinge zwingt dich dazu, innezuhalten und zuzuhören, ohne dass du an etwas denken oder irgendetwas planen musst. Das kannst du im Stadtpark, auf einem Waldweg oder auch auf dem Grundstück eines Landhauses tun. Entscheidend ist dabei, dass du dich von allen Gedanken befreist und dich stattdessen auf das konzentrierst, was du hörst.

Es ist ganz einfach: Schließe die Augen und höre auf einzelne und unterschiedliche Geräusche. Jedes Mal, wenn du einen anderen Ton hörst, zählst du ihn mit deinen Fingern. Du musst 20 Geräusche hören. Wenn du aufmerksam hinhörst, wirst du wahrscheinlich 20 unterschiedliche Geräusche in weniger als fünf Minuten hören. Aber du kannst das natürlich so lange hinausziehen, wie du möchtest.

Was konntest du hören? Tiere, die du noch nie zuvor gehört hast? Verkehr aus der Ferne? Oder andere Menschen in deiner Nähe? Das Wichtigste beim Hören all dieser Geräusche ist, dass du dir kein Bild von ihnen machst, indem du sie hinterfragst, beurteilst oder über sie nachdenkst. Dein Hauptziel ist, deinen inneren Monolog abzuschalten und nur mit dem Körper zu hören.

Nachdem du deine 20 Geräusche gezählt hast, wirst du eine Stille und Langsamkeit in deinem Körper spüren, und zwar als Resultat der kurzen Zeit, in der du das Denken komplett abgeschaltet hast. Diese erholsame Übung kannst du immer dann praktizieren, wenn du ein Spannungsgefühl im Kopf hast – oder auch zu Beginn deines Waldspaziergangs, um Körper und Geist auf all die Dinge einzustellen, die du erleben wirst.

09

Essbare Wildblumen

Diese Wildblumen sind leicht zu erkennen, können nicht mit anderen Pflanzen verwechselt werden und sind ungefährlich. Du solltest jedoch nur Wildblumen pflücken und essen, die auf dem Land wachsen, fern von Wohngebieten und starkem Verkehr. Dadurch vermeidest du Blumen, die durch Umweltverschmutzung belastet sind und giftige Chemikalien von Unkrautvernichtungsmitteln absorbiert haben.

Löwenzahn

Der Löwenzahn ist mit seinen leuchtend gelben haarigen Blütenköpfen und gezackten Blättern sofort erkennbar. Eine einzige Handvoll Löwenzahnblätter enthält, auch wenn die Pflanze der Fluch der Gärtner und Bauern ist, mehr Kalzium als ein Glas Milch und mehr Eisen als Spinat; außerdem ist er reich an Vitamin A, C und K. Löwenzahn ist komplett essbar – von den Blüten bis zu den karottenähnlichen Wurzeln. Er eignet sich hervorragend als grünes Gemüse und schmeckt, wenn er zu Beginn des Frühlings gepflückt wird, auch köstlich in Salaten.

Vergissmeinnicht

Um die Entstehung und Bedeutung des Namens der kleinen Blume ranken sich verschiedene Legenden, von der Schöpfungsgeschichte bis zu volkstümlichen Sagen um Liebe und Treue. Das Vergissmeinnicht ist an seinen Bündeln kleiner flacher azurblauer Blüten zu erkennen, die es im Frühjahr trägt. Es ist eine robuste, schnörkellose Pflanze, die oft in Gartenmauern, in alten Wäldern und in Hecken wächst. Da sie einen nur geringen Nährwert hat und nicht sehr schmackhaft ist, eignet sich diese essbare Pflanze am besten als Dekoration in Salaten oder auf Kuchen.

Storchschnabel

Mit seinen hübschen rosa-weiß gestreiften Blüten, spitzen Blättern und rotstichigen Stängeln ist der Storchschnabel in Hecken, Wäldern und an Straßenrändern weitverbreitet. Angebaut für viele Anwendungen der traditionellen Medizin, gilt er heute als Antioxidans, Rheumamittel und Insektenschutz. Brühe die Stängel und Blätter zu einem Tee auf, iss die Pflanze roh (wenn du den Geruch ertragen kannst) oder reibe deine Haut damit ein, um Mücken fernzuhalten. Der Storchschnabel absorbiert und zerlegt außerdem radioaktive Teilchen in der Erde. Das ist gut zu wissen, falls du jemals einen atomaren Störfall in deinem Garten haben solltest.

Wiesenklee

Kinder haben Spaß daran, die einzelnen Kronblätter von einer Kleeblume zu zupfen und den süßen, honigartigen Nektar auszusaugen. Aber warum sollten nur Kinder sich daran erfreuen? Kleeblätter sind leicht zu erkennen, und es lohnt sich, Ausschau nach einem Glück bringenden vierblättrigen zu halten, während du den Nektar schlürfst. Der rosa Kopf besteht eigentlich aus erbsenähnlichen Blüten, sie sind der schmackhafteste Teil der Pflanze. Da Klee vorzugsweise an Wiesen wächst, solltest du ihn besser nicht von dort essen, wo Hunde ausgeführt werden. Die Blätter und Wurzeln sind alle essbar, schmecken allerdings recht schrecklich. Du solltest sie also nur dann verzehren, wenn du in der Wildnis am Verhungern bist.

Bärlauch

Ein Mitglied aus der Gattung Allium, wie auch Zwiebeln und Knoblauch, ist Bärlauch eine Pflanze, die du wahrscheinlich zuerst riechst und dann siehst. Die dicht bewachsenen Kolonien langblättriger Bärlauchpflanzen mit ihrer Kugel sternweißer Blüten kommen auf der gesamten nördlichen Halbkugel vor und weisen darauf hin, dass du dich in einem alten Waldgebiet befindest. Die Pflanze ist komplett essbar, wenngleich die jungen grünen Blätter, die im Frühjahr gepflückt werden, einen weniger stechenden Geschmack haben als die der späteren Jahreszeit. Verwende die Blätter als Ersatz für Basilikum in Pesto, hacke sie klein und gib sie einer Suppe hinzu oder nutze sie einfach als Knoblauchersatz in einem anderen Rezept. Du kannst auch einen Wickel zur Wundbehandlung daraus machen oder Bärlauch als verdauungsfördernden Tee trinken.

10

Gesichter aus Lehm

Um Gesichter aus Lehm zu formen, musst du dich näher mit einer Baumrinde beschäftigen. Die Rinde verleiht dem Baum sein charakteristisches Aussehen und seine Textur – und sie schützt ihn vor Schäden. Bei einem Waldspaziergang wird die „Haut“ eines Baumes oft übersehen; halte daher Ausschau nach Kerben, die aussehen wie Augen, nach Rissen, die ein Mund sein könnten, oder nach Zweigen, die aussehen wie Haare. Dadurch lernst du, die Bäume wertzuschätzen, und es hilft dir, die jeweilige Gattung zu erkennen.

Bringe für deinen nächsten Streifzug durch den Wald entweder Lehm mit oder warte ab, bis du über lehmhaltigen Boden stolperst. Dann wählst du einen Baum aus, dessen Rinde die passenden Merkmale für das Gesicht aufweist, das du gestalten möchtest: eine knorrige alte Eiche für ein weises, altes Gesicht; eine hohe, glatte Buche für einen Zauberer, oder einen biegsamen schrulligen Schwarzen Holunder für einen kleinen, frechen Baumbewohner. Schau dir zunächst genau die natürlichen Konturen des Baumes an und achte auf Merkmale, die du in dein Lehmgesicht einbauen könntest. Verziere das Gesicht mit Augenbrauen, gezackten Zähnen, Flügeln oder anderen passenden Elementen – alles aus Lehm. Statte dein „Baumwesen“ nach Belieben mit allen Mächten aus – du bist hier der Schöpfer. Sobald dein Baumstammgesicht fertig ist, wird es wochenlang Wache halten über dieses Stück Land, aber sich letzten Endes wieder zu der Erde auflösen, aus der es kam.

11

Steintürmchen

Eine volkstümliche Geschichte aus den schottischen Highlands erzählt Folgendes: Bevor die Krieger in die Schlacht zogen, legte jeder einen Stein auf einem Hügel ab, sodass sich nach und nach die Form eines Turms ergab. Nach der Schlacht nahmen die Überlebenden wieder einen Stein von dem Turm weg, und die übrig gebliebenen Steine dienten zu Ehren der Toten.

Im Laufe der Jahrhunderte und über alle Kontinente hinweg dienten Steintürmchen oder -männchen als Wegweiser; sie markierten Gipfel, waren Gedenkstätten für gefallene Kameraden, bezeichneten religiöse Orte oder fungieren heute als Zeichen, dass man hier und dort entlang gewandert ist.

Der Wald ist ein idealer Ort, um solche Steinhaufen anzulegen. Denn die Wahrscheinlichkeit, dass sie zerstört werden, ist eher gering, wenn sie abseits der Hauptwege gebaut werden. So können sie als geheime Denkmäler für besondere Anlässe überdauern. An manchen Stellen ist das Bauen von Steintürmchen verboten, da es die natürliche Steinlandschaft stört. An anderen Orten wiederum sind sie verpönt, weil Spaziergänger sie als Wegweiser lesen und sich dann verlaufen. Um Wanderer nicht in die Irre zu leiten, solltest du deine an Wanderwegen aufgestellten Steintürmchen wieder abbauen.

12

Gänseblümchenkette

Du störst die Natur und die Tiere nicht, nur weil du Gänseblümchen pflückst und deshalb schief angesehen wirst. Das Pflücken dieser Blümchen führt dazu, dass die Pflanze sogar noch mehr Blumen sprießen lässt. Wenn du also den Anblick eines grünen Feldes magst, gesprenkelt mit den weißen Köpfen der Gänseblümchen, dann pflücke sie. Interessanterweise gibt es viele Gärtner vom alten Schlag, die dir das sagen, denn streng genommen ist ein Gänseblümchen, das nicht angepflanzt wurde: Unkraut. Gänseblümchen sind im Sommer aber auch kleine essbare Blumen.

Eine Kette aus Gänseblümchen anzufertigen ist denkbar einfach: Pflücke die Blümchen mit den dicksten Stielen, schneide den Stiel mit dem Daumennagel etwa in der Mitte ein und fädele den Stiel des nächsten Blümchens durch das Loch. Wiederhole das Ganze, bis du eine Blumenkette hast, die lang genug ist, um als Armband, Krone, Halskette oder Springseil zu dienen.

Natürlich kannst du dich für einen Tag zur Königin oder zum König der Gänseblümchen krönen. Aber um einen wirklich romantischen Moment zu erleben, solltest du dein Blumenkettchen verschenken, vorzugsweise während einer spontanen Krönungsfeier, bei der du deine Liebste oder deinen Liebsten wegen ihrer Reinheit, Unschuld, Schönheit und Einfachheit mit einem Gänseblümchen vergleichst. Du kannst die Kette aber auch einfach essen.

13

Feuer machen

Es gibt nichts Besseres als das Licht eines guten Lagerfeuers, außer vielleicht dem schönen Gefühl, in geselliger Runde still an diesem Feuer zu sitzen.

In den meisten öffentlichen Wäldern gibt es Auflagen zu Lagerfeuern, informiere dich daher über die Verordnungen in deinem Wald. Alternativ kannst du auch einen freundlichen Gutsbesitzer oder Bauern fragen. Suche dir eine freie Stelle im Wald, wo die Äste der Bäume kein Feuer fangen können. Bereite die Grube für das Feuer vor, indem du Platz am Boden schaffst, und errichte einen kleinen Schutzwall aus Steinen um das Feuer herum. Achte darauf, dass die Personen etwa einen Meter entfernt von deiner Absperrung sitzen und genug Abstand zum Feuer haben.

Du solltest alles Notwendige zur Hand haben, bevor du das Feuer entfachst, oder es geht aus, bevor es überhaupt richtig brennt. In der Annahme, dass du kein Survival-Experte bist, kannst du mit den folgenden Tipps schon ein schönes Feuer zum Brennen bringen.

BENÖTIGTE MATERIALIEN:

Feuerstein und Stahl

Auch als Feuerstahl bezeichnet, ist ein kleiner Stab aus einer Metalllegierung, auf den du einschlägst, um Funken zu erzeugen. Diese Stäbe kannst du preiswert im Onlinehandel kaufen, und du wirst sie zu schätzen wissen, statt dich mit feuchten Streichhölzern herumzuquälen. Übe draußen das Schlagen des Feuerstahls mit dem Schlagbolzen, aber halte die Gerätschaften zu dir (und deinen Freunden) auf Abstand. Mache das so lange, bis ein Funken am Ende deines Feuerstahls entsteht.

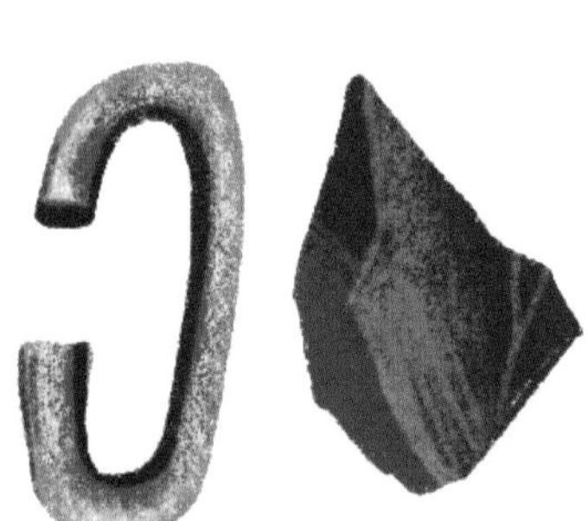

Wattebausch

Schlage auf den Feuerstein so ein, dass der Funke einen Wattebausch trifft, und du wirst sehen, wie rasch er sich entzündet. Da er schnell ausbrennt, musst du ihn sofort unter den Zunder legen. Wenn du den Wattebausch in Vaseline eintauchst, wird daraus eine Art Feueranzünder, sodass er länger brennt, was besonders bei Feuchtigkeit oder Regen nützlich ist.

Zunder

Pflücke etwas sehr trockenes Unkraut, Heu, Pusteblumen oder Rohrkolbenflaum; mache daraus ein Bündel und zerbrich es in 10 bis 20 cm lange Stücke.

Zweige

Du benötigst einen Haufen aus ungefähr 40 Zweigen zwischen 3 und 5 mm Durchmesser sowie einen zweiten Stapel aus etwa 30 Zweigen mit eher 1 mm Durchmesser.

Stöcke

Beginne mit Stöcken, die einen Durchmesser von 2 bis 3 cm haben, bis sich das Feuer richtig heiß anfühlt, und lege dann größere Holzscheite auf. Falls du keine findest, musst du einen recht großen Stapel mit kleineren Stöcken bauen, damit dein Feuer länger als eine Stunde brennt.

Um dein Feuer zu entfachen, legst du die Grube mit ein paar größeren Hölzern aus, die du willkürlich verteilst, sodass der Sauerstoff in die Kerben und Ritzen eindringen kann. Anschließend legst du extrem trockenen Zunder oben auf die Hölzer; diese bedeckst du mit mehreren Wattebäuschen, und auf die Watte legst du weiteren Zunder. Halte den Feuerstahl in Richtung der Watte und schlage wiederholt auf ihn ein, bis die Funken überspringen und die Watte anfängt zu brennen.

Sobald der Zunder Feuer gefangen hat, legst du vorsichtig die kleinsten Zweige darauf. Die nächsten Zweige arrangierst du in Form eines Tipis um den brennenden Stapel Zunder herum. Wenn auch diese Hölzer brennen, stellst du einige größere Zweige um diesen Stapel auf, und so weiter, bist du ein schönes Feuer hast. Achte darauf, dass du das Holz nicht mit zu viel Kraft auflegst, denn wenn dein Stapel mit all den brennenden Zweigen zusammenbricht, bleibt der Luftzug aus, und das Feuer erlischt.

Nun solltest du ein ziemlich gutes Feuer haben. Alles, was jetzt noch zu tun bleibt, ist, Freude daran zu haben – und es wieder auszubekommen.

Wenn du deinen Spaß hattest, lasse das Feuer langsam ausbrennen und lösche es mit Wasser. Grabe danach mit einem Stock den Boden um, sodass die verbliebene Glut von der nassen Erde bedeckt wird. Bedecke schließlich den Boden mit den Blättern und Zweigen, die du anfangs beseitigst hast, sodass keine Spuren von deiner Feuerstelle zu sehen sind.

14

Ein natürlicher Rahmen

Bei der Erkundung eines Waldes sollte man vor allem auch die einzelnen Bäume betrachten. Den weiten Ausblick, den wir oben von einem Baum haben, die Ferne der Landschaft, die vor uns liegt, lässt uns alles und nichts sehen. Ein derartiger Ausblick kann sich positiv auf unsere innere Ruhe und auf unser Wohlbefinden auswirken, doch wir sollten auch die kleinsten Ecken des Waldes nicht außer Acht lassen.

Falls du zufällig ein Stück Schnur dabeihast, lege es auf dem Boden zu einem Kreis aus; alternativ kannst du auch ein Quadrat aus vier Zweigen arrangieren. Lege dich dann so hin, dass du aus einer Entfernung von circa 15 cm direkt in den Kreis oder das Quadrat blickst; das ist dein natürlicher Rahmen. Deine Aufgabe ist es, alles, was sich in oder auf dieser Fläche befindet, immer detaillierter zu untersuchen, bis du dir ganz sicher bist, nichts verpasst oder übersehen zu haben.

Beobachte die kleinen Lebewesen, von denen du nicht wusstest, dass es sie dort gibt. Beachte auch, dass es viel mehr Farben gibt als nur das Braun oder das Grün, das du erwartet hast. Sieh dem Wind dabei zu, wie er deinen Ausschnitt ein wenig verändert. Sich in die Betrachtung eines solch kleinen Rahmens zu verlieren, ändert deinen Fokus und lässt dich die verborgene Welt, über die wir so oft gedankenlos hinweglaufen, besser verstehen. Das ist auch interessanter als fernsehen, also genieße es.

15

Yoga im Wald

Wenn du ein Yogi bist, schau lieber weg. Dies ist kein tiefer Einblick in Yogatechniken; die Vorschläge hier beschreiben nur, wie du einige der gängigen Positionen ändern kannst, um die Vorteile des Waldes zu nutzen. Lies weiter, wenn du Yoga praktizieren möchtest, damit dein Körper zur Ruhe kommt, deine Verbindung zur Natur gefördert und dein Geist zentriert wird.

Der Berg

Ein guter Ausgangspunkt ist die Berghaltung. Ziehe deine Schuhe aus und drücke dich mit nackten Füßen in die Erde. Strecke dich gerade nach oben und spüre die Zugkraft der Erde gegen die Kraft, mit der du dich dehnst. Die Arme sollten an den Seiten liegen, die Handflächen zeigen nach vorn und die Finger sind leicht gespreizt. Konzentriere dich darauf, tief einzuatmen.

Der Krieger

Es ist schwierig, die Kriegerpose losgelöst von der Kraft der Natur zu praktizieren, wenn du dich ganz der Energie hingibst, die von den Füßen zum Boden und von den Händen zum Himmel fließt. Stelle dich mit geschlossenen Füßen vor einen großen Baum, sodass du auf den Stamm schaust. Beuge ein Bein nach vorn, strecke das andere Bein nach hinten und grabe dich mit den Fußzehen in den Boden; halte das hintere Bein dabei gerade. Strecke die Arme hoch, indem du den emporragenden Baum als visuelle Verkörperung deiner Kraft betrachtest, die du durch deinen Körper kanalisieren willst.

Der Bär

Nimm die Pose des herabschauenden Hundes ein, indem du dich an der Taille nach vorn beugst, dabei beide Füße flach auf dem Boden lässt und dich mit deinen Händen vor dir auf dem Boden abstützt; so bildest du zusammen mit dem Erdboden ein Dreieck. Stelle dir nun vor, du wärst ein Bär und gingest langsam vor und zurück wie ein Tier: Erst bewegst du den Arm und das Bein der linken Seite, dann wechselst du entsprechend zur rechten Seite.

Der gefällte Baum

Nimm die Ruhehaltung ein, indem du dich flach auf den Rücken legst und die Beine ausstreckst; die Arme liegen entspannt an den Seiten. Jetzt denke über Folgendes nach: Ein umgestürzter Baum brauchte Jahrzehnte, wenn nicht gar Jahrhunderte, um so groß zu werden, bevor er gefällt wurde. Stelle dir vor, was dieser Baum gesehen hat, wie sich die Erde um ihn veränderte und wie er sich jetzt fühlen muss, um in absoluter Stille zu ruhen.

Der Fuchs

Stelle dich auf deine Hände und Knie und strecke den Arm der einen Seite und das Bein der anderen Seite aus; konzentriere dich dabei und versuche, das Gleichgewicht zu halten. Verfolgt ein Fuchs seine Beute, hält er oft in einer ähnlichen Position inne. Stelle dir vor, du wärst ein Fuchs; bleibe in dieser Haltung und fixiere mit deiner ganzen Energie einen Punkt am Rand deiner Blickachse. Solltest du eine Maus in der Ferne erspähen, hast du deine Sache gut gemacht.

Der Fluss

Für diese Pose ist ein kleiner Bach mit der idealen Breite erforderlich; warte also, bis der richtige Moment gekommen ist. Stütze dich auf allen vieren ab, mit den Händen auf der einen Seite des Bachs und mit den Knien auf der anderen. Nimm die Katzenhaltung ein, wölbe deinen Rücken und neige den Kopf nach unten, um auf das Wasser zu schauen. Du solltest spüren, wie sich dein Körper rundet wie bei einer Katze in Alarmbereitschaft. Danach entspannst du deine Bauchmuskeln und senkst deinen Rücken in einer tiefen Beugung nach unten, während du mit dem Kopf hoch zu den Bäumen blickst. Wiederhole das mehrmals und achte darauf, wie sich der Raum um dich herum jedes Mal verändert.

Der Baumstamm

Die Haltung mit dem kreativen Namen Beine-hoch-an-der-Wand lässt sich leicht im Wald praktizieren, indem man statt einer Wand einen Baumstamm benutzt. Lege dich flach auf den Rücken, mit dem Gesäß unten an den Stamm. Strecke deine Arme von den Schultern entspannt und gerade aus. Halte die Beine so lange wie möglich gestreckt an den Stamm, und entspanne dich, wenn du zurück in deine normale Haltung gehst und deine Augen die Wunder der Welt um dich herum wahrnehmen.

16

Disc-Golf einmal anders

Manche Golfer sagen, der Sport sei im Grunde ein schöner Spaziergang auf dem Land, etwas gestört durch einen kleinen weißen Ball. So entstand auch Disc-Golf – nur mit Frisbees, wodurch dieser ärgerliche kleine Ruhestörer verdrängt wurde.

Disc-Golf erfordert eigentlich einen Disc-Golfplatz, kleine Metallkäfige und Frisbees. Du kannst dir aber deinen eigenen „Golfplatz" anlegen, und dafür brauchst du noch nicht einmal eine Frisbeescheibe oder einen anderen scheibenförmigen Gegenstand zum Spielen. Es geht einfach nur darum, ein Ziel und ein paar natürliche Geschosse auszuwählen und mit Leidenschaft einen kleinen Wettkampf zu bestreiten. Vergewissert euch jedoch, dass ihr bei dem stets schärfer werdenden Wettbewerb mit euren Wurfgeschossen niemanden verletzt, der euer „Spielfeld" überquert.

Das einfachste Ziel für Disc-Golf im Wald ist ein Baum; beginnt also damit. Dann wählt ihr ein Wurfgeschoss aus (für zukünftige Runden werdet ihr euch gewiss Gedanken über aerodynamischere „Projektile" machen), aber am Anfang tut's ein Stein oder ein Stock – oder der Frisbee, den ihr gerade im Rucksack habt. Der Rest ist einfach: Wechselt euch beim Werfen der „Scheibe" ab und zählt die Würfe, die ihr fürs Treffen des Ziels benötigt.

Gemäß den Golfregeln müssten eigentlich 18 Runden gespielt und mit einem Bier am 19. Loch (also an der Bar des Clubhauses) beendet werden; ihr könnt das Ganze aber auch gerne abkürzen. Im Sinne einer gemeinsam verbrachten Zeit im Wald sollte es hierbei eher um eine für Kinder typische Herausforderung gehen und nicht um Geld. Aber wer weiß schon, was an diesem oder jenem Tag das Beste ist? Gewonnen hat der Spieler mit der niedrigsten Punktzahl (Würfe), aber dafür sollte er auch den ersten Drink spendieren. Von daher ist es gar nicht so sinnvoll, der beste Spieler zu sein.

17.

Stockbrot – einfach und lecker

Das letzte Wort, ob dieses Verfahren als Backen, Rösten oder Verkohlen bezeichnet werden sollte, ist noch nicht gesprochen. Aber wie auch immer man es nennen mag, es erwartet dich ein köstliches und wärmendes (und wahrscheinlich auch etwas halbgares) Brot.

Du musst den Teig im Voraus zubereiten, da er sich etwas setzen muss. Das Rezept ist simpel – vermische einfach alle Zutaten miteinander –, aber gehe sparsam mit der Flüssigkeit um. Du kannst immer noch mehr hinzugeben, wenn du am Lagerfeuer bist. Beim ersten Vermischen sollte der Teig noch etwas trocken sein, denn unterwegs wird er wie von Zauberhand selbst feucht.

Der Schlüssel zum guten Backen/Rösten/Verkohlen ist ein gutes, prasselndes Feuer, um es dann schwach herunterbrennen zu lassen, sodass du ein schönes Bett weißglühender Kohlen hast, über dem du das Brot rösten kannst (siehe Seite 26 „Feuer machen“). Lege weiterhin Holz nach, ansonsten hast du nach 20 Minuten keine neue Glut mehr, die die alte ersetzt. Lasse es auf einer Hälfte deiner Grube weiter fackeln und backe das Brot auf der anderen.

ZUTATEN

- 500 g mit Backpulver gemischtes Mehl
- 2 EL Öl
- 1 TL Salz
- 300 ml Wasser
- 2 gehäufte EL Zucker

(ergibt etwa 6 Stockbrote)

Zubereitung

Suche einen Stock, der so lang wie dein Bein und so breit wie dein Daumen ist. Schnitze an einem Ende die Rinde in einer Länge von circa 15 cm ab, sodass du eine glatte und saubere Fläche hast, um die du den Teig wickeln kannst.

Nimm eine Handvoll Brotteig, rolle ihn mit deinen Händen zu einem langen Wurm mit 1 bis 2 cm Durchmesser und wickle ihn um deinen Stock. Du beginnst am besten am oberen Ende und verknetest ihn mit sich selbst am unteren Ende.

Halte das Brot über die weißglühende Asche an den Rändern des Feuers und drehe den Stock regelmäßig für circa zehn Minuten; so erhältst du am ehesten ein gleichmäßig geröstetes Brot. Am Ende wirst du dir noch eine geniale Röstvorrichtung für Spieße ausdenken, zumindest tun das die meisten hinterher. Deshalb ist auch die Mehrheit der am Lagerfeuer gerösteten Brote auf der einen Seite schwarz und in der Mitte nicht gar. Aber keine Sorge, ziehe es von deinem Stock ab und fülle es mit Butter, Käse oder Marmelade; es wird immer noch das beste Brot sein, das du jemals gegessen hast.

18

Auffrischung für die Augen

Wer von euch ist Brillenträger? Hey, eine ganze Menge. Und dafür gibt's einen guten Grund, denn Brillen sind heute scheinbar angesagt. Warum? Weil wir immer mehr Zeit vor dem Computer verbringen, sodass die Kurzsichtigkeit (weiter entfernte Objekte erscheinen unscharf) weltweit stark zugenommen hat.

Die Entwicklung des menschlichen Auges zielte nicht darauf ab, Gegenstände für längere Zeit aus der Nähe zu betrachten. Werden unsere Augen daher regelmäßig gefordert, Texte und Videos auf Monitoren zu lesen bzw. zu betrachten, dehnen sich unsere Augenmuskeln bis zu dem Punkt, an dem sie nicht mehr so funktionieren, wie sie sollten. Ein Waldspaziergang wird deine Kurzsichtigkeit zwar nicht beheben, kann jedoch dazu führen, dass sie langsamer fortschreitet. Wenn du das nächste Mal im Wald bist, solltest du daher ein paar gezielte Übungen zur Stärkung deiner überdehnten Augenmuskeln machen.

Halte einen kleinen Stock vor dein Gesicht und betrachte den Stock mit nur einem Auge. Nun schließe das Auge und schau mit dem anderen auf einen weit entfernten Baum. Wiederhole diesen Vorgang so schnell wie möglich, bevor deine Augen ermüden. Dann schaust du mit dem Auge, mit dem du den Baum betrachtet hast, auf den Stock, und mit dem anderen auf den Baum und so weiter. Du wirst merken, wie deine Augenmuskeln ermüden, aber das ist gut so. Damit absolvieren sie genau das richtige Workout.

Als Nächstes machst du dieselbe Übung noch einmal, aber diesmal lässt du beide Augen geöffnet und wechselst so schnell wie möglich zwischen Nah- und Fernsicht hin und her. Auch das führt zur Erschöpfung der Muskeln, doch wenn du diese Übung öfter praktizierst, stärkt das langfristig deine Augen.

19

Kuhfladen-Frisbee

Das Spielen mit tierischen Ausscheidungen wird in der Regel nicht empfohlen. Die meisten Menschen haben es zeit ihres Lebens wohl vermieden, gleichwohl hört man Geschichten über Kinder, die sich eingehend damit befassen, bevor sie im späteren Alter eines Besseren belehrt sind. Du weißt also Bescheid, und auch wenn deine Eltern es nicht gutheißen – manchmal ist es genau das Richtige mit, ähem, Kacke zu spielen.

Wichtig zu wissen ist, dass Kuhmist nicht wirklich schmutzig und ein nützlicher Stoff für alle möglichen Dinge ist. Da Kühe ausschließlich Gras fressen, bestehen deren Ausscheidungen auch nur aus verdautem Gras. Und wegen ihres Vier-Magen-Systems, das auf mikrobieller Zerlegung beruht und nicht auf einem säuerlichen chemischen Vorgang, ist Kuhmist weder verdreckt noch schädlich noch riecht er. Allerdings ist er schon eklig, wenn er noch feucht ist. Traditionell als Dünger verwendet, lassen sich mit Kuhfladen aber auch Häuser bauen, Strom erzeugen, und er ist eine schadstoffarme Wärmequelle.

Zum Frisbee-Spiel mit Kuhmist brauchst du einen schönen festen Fladen. Lange Trockenperioden im Sommer lassen den Mist austrocknen, und sobald das geschehen ist, kannst du den tellerförmigen Haufen aufheben. Die Meinungen über die Flugfähigkeit diverser Kuhfladen variieren, doch solche mit kleinerem Durchmesser und festerer Konsistenz fliegen weiter als die großen dünnen. Aber darüber solltest du dir wirklich deine eigene Meinung bilden.

Das schwungvolle Werfen eines Kuhfladens ist etwas schwieriger als das eines Frisbees, da ersterer kein aerodynamisches Design aufweist, aber wesentlich mehr zur allgemeinen Belustigung beiträgt. In den USA gibt es sogar Meisterschaften im Kuhfladenwerfen, und der Weltrekord liegt bei über 55 Metern.

20

Einfach nur gehen

Paläo-Diäten und unser Streben nach einem unverfälschten Leben lassen uns zurückblicken auf unsere Vorfahren in der Steinzeit, damit sie uns als Vorbild dienen. Seltsamerweise ist es jedoch gerade das Gehen – oder eher das Nichtgehen –, das uns am meisten davon abhält, mit den Wurzeln unserer Ahnen in Berührung zu kommen.

Die gute Nachricht ist, dass es sich hier um ein Defizit handelt, das leicht beseitigt werden kann. Der Mensch hat die Fähigkeit des Gehens entwickelt. Unsere nahen Verwandten, die Schimpansen, laufen im Schnitt nur 2 oder 3 Kilometer am Tag, da sie die meiste Zeit mit dem Kauen grüner Blätter verbringen. Die damaligen Jäger und Sammler legten täglich jedoch etwa 9 Kilometer auf der Suche nach Nahrung zurück.

Nicht das Sporttreiben, sondern das einfache Gehen ist am effektivsten, um den Körper wieder aufzutanken. Regelmäßiges und ausdauerndes Gehen regt die Durchblutung an, wodurch Sauerstoff durch den Körper gespült wird, sodass das Stoffwechselsystem den ganzen Tag über gleichmäßig funktioniert.

Im wirklichen Leben fehlt natürlich die Zeit, regelmäßig 9 Kilometer zu gehen. Also ziehen wir, auch wieder nicht draußen, sondern im Fitnessstudio schnell unsere Workouts durch, während wir ansonsten die meiste Zeit sitzend verbringen. Das Training im Studio deckt jedoch viele der evolutionsbedingten Bedürfnisse des Körpers nicht ab. Im Kraftraum wird der Körper zwar kurzen und intensiven Belastungen ausgesetzt, um danach wieder mit gefilterter Luft durchflutet zu werden. Allerdings führt er damit keine der regenerativen oder wohltuenden Wirkungen herbei, die gleichmäßige Aktivitäten an der frischen Luft mit sich bringen.

Gehe also einfach. Nimm dir die Zeit und unternimm mindestens an einem Tag der Woche eine Wanderung oder einen ausgiebigen Spaziergang. Schiebe den Stress und alle Anforderungen beiseite und gehe hinaus ins Freie. Dafür benötigst du keine besondere Ausrüstung, und dein Herz wird nicht vor lauter Anstrengung wahnsinnig pumpen. Wenn es dir nichts ausmacht, kannst du auch deinen Schrittzähler zu Hause lassen.

21

Höre den Bäumen zu

Den Bäumen zuzuhören macht dich glücklicher als ein Honigkuchenpferd, wenn du an einem windigen Tag spazieren gehst. Der Trick ist ganz einfach: Lege ein Ohr an den Stamm und du wirst hören, dass Bäume einen magischen, sanften Klang erzeugen, wenn ihre obersten Äste im Wind schwanken. Allerdings weiß das kaum jemand, und falls doch, so macht das in der Regel niemand. Gehöre du bitte nicht zu diesen Menschen.

Lege dein Ohr an einen Baum – nur keine Hemmungen, kümmere dich nicht darum, ob dich jemand sieht, tue es einfach! Suche dir einen großen Baum, dessen Krone vom Wind hin und her geweht wird. Und jetzt lausche.

Du wirst merken, dass Bäume tatsächlich eine Stimme haben. Naturforscher wissen, dass Bäume durch ein unterirdisches Kommunikationssystem vernetzt sind. Falls sie also bereits kommunizieren, ist es durchaus vorstellbar, dass ihnen jemand zuhört. Zu diesem unterirdischen System gehört die Symbiose zwischen Wurzeln und Pilzen, ein Prozess, der als Mykorrhiza bezeichnet wird. Es ist ein Netzwerk, das so riesig ist, dass sich unter einem einzigen Fußabdruck Hunderte Kilometer von Myzelien befinden. Bäume kommunizieren über dieses Netzwerk miteinander und versorgen über diese Kanäle auch ihre Artgenossen mit zusätzlichen Nährstoffen: Bäume zum Beispiel, die Kohlenstoff (C) benötigen, da infolge von zu viel Schattenbildung oder gefällter Bäume ihr C-Haushalt aus dem Gleichgewicht ist. Außerdem sorgen sie gemeinsam für das Überleben junger Setzlinge.

Höre also einem Baum zu und entscheide selbst: Spricht der Baum zu dir? Oder reden die Bäume miteinander?

22

Kunstformen in der Natur

Die Natur steckt voller geometrischer Formen und Muster. Biologen, Physiker und Mathematiker haben die komplizierten Erklärungen für die Entstehung und Varianten natürlicher Muster diskutiert, aber es ist auch schön, einfach nur ihre Schönheit zu genießen.

Schau dir die Spiralform eines Schneckenhauses an; die kleinen Wellen, die der Wind in den Sand zeichnet; einen ausgetrockneten Teich mit seiner rissigen Lehmfläche; die ausstrahlenden Adern eines Blattes; die konzentrischen Ringe im Innern eines Baumstamms; die Filamente der Blumen; die Waben eines Bienenstocks (bist du so mutig?); die Feder eines Vogels; die Flügel einer Motte oder das Netz einer Spinne.

Solltest du Stift und Papier bei dir haben, versuche das, was du findest, zu zeichnen; oder fotografiere es, falls du eine Kamera dabeihast. Es macht Spaß, all die kleinen Dinge in der Welt um dich herum zu entdecken. Gönne dir die Zeit dafür.

23

Baumklettern

Wann hast du das letzte Mal hoch oben auf einem Baum gesessen und über den Wald geschaut? Sollte die Antwort „Nie“ sein, bedarf dies einer dringenden Korrektur. Lautet die Antwort „Nicht mehr seit meiner Kindheit“, gilt das Gleiche!

Wenn Kinder beim Klettern einen hohen Ast im Baum erreichen und rufen: „Schau mal, Mama!“, hat das einen evolutionären Grund. Ein auf Bäumen lebender Primat, der geschickt in großen Höhen klettern kann, muss sprichwörtlich über die Dächer schreien, damit seine Artgenossen bezeugen, wie beweglich und mutig er ist. Andere wissen zu lassen, wie hoch wir geklettert sind, ist mehr oder weniger eine biologische Notwendigkeit.

Die Krankenkassen sind allerdings eher froh, dass diese biologische Notwendigkeit im Erwachsenenalter dann hinfällig wird. Höhenangst, Kraftlosigkeit oder die Routine des Alltags lassen das Klettern auf Bäume in den Hintergrund treten. Aber auch wenn es nicht darum geht, evolutionäre Fitness zur Schau zu stellen: Allein aufgrund des Feelings und des schönen Ausblicks, den uns der Platz oben in den Bäumen gewährt, sollte das Baumklettern zu unserem Leben gehören.

Suche dir einen Baum mit gut verzweigten Ästen, die mindestens so dick sind wie dein Handgelenk. Als Faustregel gilt, dass du ohne fremde Hilfe den Baum sicher erklimmen kannst. Gehe dabei nach der Drei-Punkte-Regel vor, das bedeutet, dass mindestens drei deiner Gliedmaßen sich auf drei verschiedenen Ästen befinden. Sollte ein Ast brechen, stehst du immer noch sicher auf zwei anderen. Denke daran: Beim Baumklettern geht es nicht um Effekthascherei, sei kein Angeber und posiere nicht für prahlerische Fotos. Es ist übrigens erwiesen, dass Erwachsene härter auf dem Boden aufprallen als Kinder.

Sobald du zwei oder drei Meter an Höhe gewonnen hast bist, hältst du für einen Moment inne und genießt den Ausblick. Du wirst feststellen, wie viel es ausmacht, wenn man nur ein wenig den Blickwinkel ändert. Nimm dir Zeit, um tief durchzuatmen und all das, was dich umgibt, in dich aufzunehmen, bevor du weiter hinaufsteigst.

Das Beste am Baumklettern ist, eine kleine Stelle zu finden, an der man gefahrlos sitzen und die Beine baumeln lassen kann. Von diesem Ort kannst du den Wald unbemerkt beobachten; werde also selbst ein Teil der Natur und schau zu, wie die Welt an dir vorüberzieht.

24

Die Poesie der kleinen Dinge

Die kleinen Dinge sind leicht zu übersehen: Man tritt auf eine Ameise oder wirft Löwenzahn, ohne es auch nur zu bemerken, auf den Komposthaufen. Dabei lohnt es sich, all das, was vorher unbemerkt blieb, schätzen und lieben zu lernen. Ganz zu schweigen von der Tatsache, dass dies auch notwendig ist, um ein besseres Verhältnis zur Natur zu entwickeln.

Du brauchst Stift und Papier, um ein Gedicht über die kleinen Dinge der Welt zu schreiben. (Bitte sage nicht, dass du dafür dein Handy benutzt, das ist wirklich das falsche Gerät.) Es kann mehr Spaß machen, wenn du das zusammen mit Freunden machst, aber warum nicht auch du allein?

Falte dein Blatt Papier der Länge nach und suche dir ein Unkraut oder etwas aus, das deinen Blicken bisher entgangen ist. Lege dich auf den Boden und gehe so nahe wie möglich an das Objekt, ohne dabei schielen zu müssen. Auf der linken Seite deines Blattes notierst du 20 Eigenschaftswörter, die dein ausgewähltes Stück beschreiben. Solltest du mit Freunden unterwegs sein, könnt ihr euch dabei abwechseln. Jetzt drehe das Papier um und wiederhole das Ganze mit einem anderen Objekt.

Der poetische Teil beginnt, nachdem deine beiden Listen fertig sind. Stelle dich hin, falte dein Blatt auseinander und lies dein Gedicht in den beiden Spalten vor. (Ja, stehe auf und lies laut, auch wenn du allein bist.) Eine alberne, gefühlvolle und ausdrucksstarke Stimme macht das Ganze noch spaßiger. Es ist jedoch die willkürliche Aneinanderreihung der Wörter, die dich kreativ werden lässt oder eine Unterhaltung in Gang setzt. Und du erkennst dadurch die Poesie, die in der Welt um dich herum schlummert.

25

Bäume erkennen

So wie jeder Baum seine eigene Geschichte hat, so gibt es auch zu jeder Gattung etwas zu erzählen. Viele dieser Geschichten, die im Laufe der Zeit entstanden, resultieren aus den zahlreichen Verwendungszwecken der Bäume. Einige Baumrinden enthalten eine Vielzahl von Verbindungen, die in der Medizin, der Ernährung oder in der Alltagspraxis zum Einsatz kommen. Früchte, Blumen und Blätter erfüllen wahrscheinlich genauso viele Zwecke, wie ihr Aussehen variiert. Und was würden wir ohne Holz machen? Indem du auf die schönen und besonderen Merkmale eines Baumes achtest, kannst du im Handumdrehen zu einem richtigen Baumexperten werden.

Die Blätter

Die bewährteste Methode, einen Baum zu erkennen, ist, die Form seiner Blätter zu untersuchen: Die gebuchtete Symmetrie der Eiche, das fünfzackige Ahornblatt, das schimmernde Silbergrau der Birke und das herzförmige Haselnussblatt sind unverwechselbare Merkmale und leicht zu erkennen.

Sammle bei deinem nächsten Spaziergang jeweils ein Blatt von möglichst vielen verschiedenen Bäumen. Einige von euch werden sie sofort erkennen; die anderen können zu Hause im Internet nachschauen. Beschäftige dich 20 Minuten mit den unbekannten Blättern, dann lernst du ihre typischen Merkmale. Und bei deinem nächsten Spaziergang wirst du sie direkt vor Ort erkennen.

Die Rinde

Untersuche bei einem Waldspaziergang die Rinde verschiedener Bäume, und du wirst feststellen, dass es unzählige Varianten gibt. Ja, selbst innerhalb der Lebensdauer eines einzelnen Baumes nimmt die Rinde viele unterschiedliche Formen an. Die meisten Setzlinge haben eine glatte Rinde, sodass es recht schwierig ist, sie aufgrund dieses gemeinsamen Merkmals zu unterscheiden. Wenn der Winter allen erkennbaren Merkmalen den Garaus gemacht hat, wende dich lieber den älteren Bäumen zu.

Achte auf die hauchdünnen Streifen der Birkenrinde, auf die tief gefurchte und grobrissige Eiche oder auf die tiefen, vertikal verlaufenden Grate eines Ahornbaumes. Du kannst die Rinde abpausen, indem du ein Blatt Papier auf die Rinde legst und dann mit der Seite eines Blei- oder Buntstiftes darüberreibst. Das ist eine gute Methode, um die Strukturen und Konturen einer bestimmten Baumrinde kennenzulernen.

Die Samen

Bei einem Waldspaziergang zu Beginn des Frühjahrs sind die gelb baumelnden Kätzchen des Haselnussstrauchs nicht zu übersehen. Beachte, wie das Sonnenlicht auf den Kätzchen funkelt, wenn die benachbarten Bäume noch ihr Winterkleid tragen. Im Herbst hängen die Fiederblätter der Esche gruppenweise an den Astenden und warten darauf abzufallen, um einen Lebensraum für die auf dem Boden lebenden Spezies zu schaffen. Zur Kindheit gehört auch unbedingt dazu, die „Helikopter"-Samen der Platane aus großer Höhe zu werfen. Und niemand kann den Kieferzapfen übersehen – ein Kunstwerk der Natur –, der seine Samen selbst umhüllt. Du richtest keinen Schaden an, wenn du eine Handvoll Samen von einem Baum sammelst, sie mit nach Hause nimmst und sie dort studierst. Vielleicht möchtest du sie abzeichnen, sodass du mit ihren Merkmalen noch besser vertraut wirst. Sollte das schiefgehen, pflanze ein paar Samen in einen Komposthaufen ein; vielleicht werden Setzlinge daraus.

Die Früchte

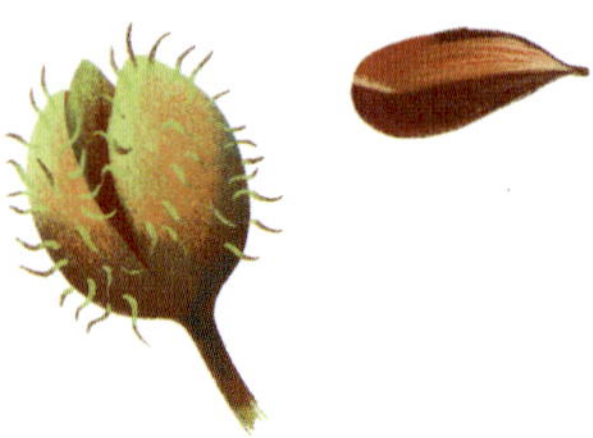

Wenn einige das Wort „Früchte" hören, denken sie an Smoothies, andere an die gereiften Fruchtknoten in Blüten. Zur welcher Gruppe gehörst du? Ein Baum ist am einfachsten an seinen Früchten zu erkennen, die im Sommer und im Herbst zu sehen sind, und die meisten Bäume sind – wie praktisch – nach ihrem Obst benannt. Es gibt also keine Punkte, wenn es zu erraten gilt, an welchem Baum Äpfel wachsen; Gleiches gilt für Haselnüsse, Bucheckern, Kirschen, Eicheln und Rosskastanien.

Bäume zu erkennen ist vielleicht nicht so wichtig für das Leben wie manch andere Fähigkeit. Aber wie mit jeder anderen Kunst lernen wir die Schönheit und den Zauber der Bäume besser kennen, wenn wir uns eindringlich mit ihnen beschäftigen und ihre Besonderheiten zu schätzen wissen.

26

Waldbaden

Abgeleitet vom japanischen *Shinrin-yoku* (*Shinrin* = Wald; *yoku* = Bad), ist der Begriff „Waldbaden" zu einem Synonym für Gesundheit, Wohlbefinden und Achtsamkeit geworden. Zum ersten Mal um 1980 in Japan erdacht, geht es hierbei nicht darum, in den Wald zu gehen, um dort Sport zu treiben oder gemeinschaftlich etwas zu unternehmen, sondern bewusst die Atmosphäre des Waldes in sich aufzunehmen und sich mit ihr zu verbinden.

Es ist inzwischen wissenschaftlich erwiesen, dass einige Stunden im Wald, ohne Termine und Verpflichtungen, förderlich für den Stressabbau und das Wohlbefinden sind. Heutzutage wird solch ein Waldaufenthalt sogar von Ärzten verschrieben. Die Regeln für das Waldbaden sind einfach: Begib dich in den Wald, gehe langsam und beobachte alles, was um dich herum passiert. Lasse das Denken Denken sein und übe dich stattdessen in Achtsamkeit; öffne dich den heilenden Kräften des Waldbadens.

Etliche Menschen gehen heute diesem neuesten Zeitvertreib nach, den ältere Generationen schlicht als „nach draußen gehen" kannten. Aber in dieser ach so geschäftigen Welt müssen wir mitunter eine neue Mahnung bekommen, um uns auf das Wesentliche zu besinnen und Zufriedenheit zu finden.

Die Forschung zeigt, dass die „Aufnahme" der Waldumgebung tatsächlich von Vorteil ist, denn Bäume setzen Verbindungen namens Phytonzide frei, deren antimikrobielle Eigenschaften das Immunsystem stärken. In den Wald einzutauchen bedeutet weniger Stress sowie bessere Laune und Gesundheit. Nicht schlecht für einen schönen Nachmittag im Wald.

27

Entspannen in der Hängematte

Viel zu viele Menschen wissen nicht, wie angenehm es ist, einen Nachmittag hin und her schaukelnd im Schatten zu verbringen. Allein dies erklärt wahrscheinlich schon die Tatsache, dass es Dinge wie Kopfhautmassagen und Antistressbälle gibt. Wenn du dich das nächste Mal ausgepowert fühlst, kaufst du dir also nicht die neueste energetisierende Schreibtischlampe, sondern gehst in den Wald und legst dich in eine Hängematte.

Es gibt mehrere Arten von Hängematten: Eine mexikanische Hängematte ist in der Regel recht farbenfroh und handgewebt; sie ist sehr robust und daher für fünf bis sechs Personen geeignet. Eine brasilianische Hängematte ist ein langes Stück Stoff mit Seilen an beiden Enden. Sie sehen auch schick aus, lassen sich aber nicht besonders klein zusammenfalten und sind daher für die Mitnahme in den Wald nicht gut geeignet.

Solltest du etwas knapp bei Kasse sein, besorge dir eine Hängematte aus Fallschirmseide; die lässt sich klein zusammenknüllen und ist recht preiswert. Und wenn du ganz clever sein willst, dann fragst du in einer Baufirma nach

einem ausrangierten Gerüstschutznetz. Befestige Halteseile und Karabiner an den Enden, und schon hast du eine schöne Hängematte.

Eine Hängematte aufzuhängen muss gekonnt sein. Suche zuerst zwei Bäume, zwischen denen du die Matte aufspannen kannst. (Wenn du lange Seile an den Enden der Hängematte hast, ist es eigentlich egal, wie weit die Bäume auseinanderstehen; du kannst die Seile an beliebigen Punkten fixieren.) Lege das eine Seil in einer Schlinge um den Stamm und verbinde es mit der Schlaufe am Seil deiner Hängematte. Binde einen festen Knoten, damit die Matte nicht herunterfällt, danach machst du das Gleiche auf der anderen

Seite. Mit Hilfe von Karabinern lassen sich die Seile noch einfacher und schneller verbinden (siehe Abbildung oben).

Hast du es gemerkt? Das Aufhängen einer Hängematte ist in Wirklichkeit gar nicht so schwierig. Und bisher hat sich noch niemand über falsche Knoten beschwert. Wie dem auch sei, das Schaukeln in einer Hängematte gehört zu den angenehmsten Vergnügen des Lebens. Mache dir also selbst eine Freude mit diesem Geschenk. Du wirst dir ewig dankbar dafür sein.

28

Rendezvous mit einem Baum

In unserer geschäftigen und vernetzten Welt haben wir stets den Druck, alles im Blick und das große Ganze im Auge zu haben. Aber gönne dir eine kurze Auszeit, „triff" dich mit einem Baum und lerne, wie man eher die einzelnen Bäume statt den Wald sieht. Du brauchst dafür die Hilfe eines Freundes und eine Augenbinde, aber du kannst auch einfach nur die Augen schließen, wenn du nicht heimlich linst. Eine Verabredung mit einem Baum bietet die schöne Möglichkeit, einem anderen Menschen zu vertrauen und dabei die Natur auf eine andere Weise zu sehen.

Lasse dir von einem Freund die Augen verbinden, dich ein paarmal hin und her drehen und zum Baum seiner Wahl führen. Jetzt untersuche den Baum mit deinen Händen, so lange du es für nötig hältst. Nimm die Äste wahr, die Struktur der Rinde, den Umfang des Stamms, die Form der Blätter, den Boden rings um den Baum und weitere typische Merkmale. Solltest du in der Vergangenheit an schon mal an verschiedenen Bäumen geschnuppert haben, sodass du eine Kiefer von einem Ahorn unterscheiden kannst, kannst du die Rinde sogar riechen.

Jetzt dreht dich dein Begleiter ein weiteres Mal hin und her und führt dich fort von dem Baum. Danach nimmt er dir die Binde ab, und der Spaß kann beginnen. Untersuche all die Bäume in deiner Nähe, erinnere dich, was du gefühlt hast, und versuche mit Augen und Händen herauszufinden, zu welchem Baum du hingeführt wurdest.

Wir verbringen unsere Tage nicht oft damit, einige unserer Sinnesorgane bewusst auszublenden. Wir bekommen dadurch aber ein anderes, einzigartiges Verständnis für unsere Umwelt. Der Versuch, den Baum ausfindig zu machen, nachdem dir die Binde abgenommen wurde, wird noch dadurch spannender, dass du vorher nichts sehen konntest. Und dir werden bei den einzelnen Bäumen Details auffallen, die du zuvor nie gesehen hättest.

29

Halskette aus Holunder

Der schwarze, schnell wachsende Holunder unterscheidet sich dadurch von anderen Gattungen, dass seine Äste einen weichen, markhaltigen Kern haben. Das ist nicht nur praktisch für den Nährstofftransport, sondern dieser schwammige Kern ist auch leicht zu extrahieren, wodurch die ausgehöhlten Äste zu einem schönen Bastelmaterial werden.

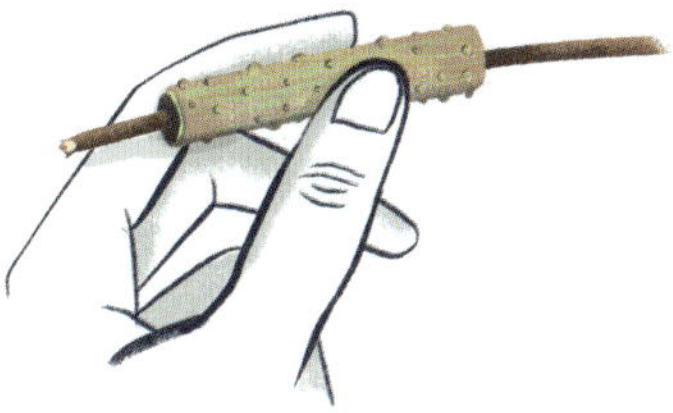

Wähle einen jungen Holunderast mit etwa 1 cm Durchmesser. Achte darauf, dass es kein grüner Ast ist; er muss von einer dünnen Schicht brauner Rinde überzogen sein, um die richtige Konsistenz für die Schmuckröhrchen zu haben. Schneide ein etwa 3 bis 4 cm großes Stück von dem Ast ab und entferne mithilfe eines Nagels, kleinen Zweiges oder einer Büroklammer das Mark aus dem Innern, während der äußere Stiel und die Rinde so bleiben, wie sie sind.

Sobald du ein hohles Röhrchen hast, ziehst du mit deinen Fingernägeln die hellbraune Rinde streifenweise ab, um eine glatte, weiße Oberfläche zu erhalten. Fädle eine Schnur durch die Aushöhlung, und schon hast du das erste Schmuckteil für eine Halskette.

Das ist so einfach, dass es auch für Kinder geeignet ist, aber allgemein haben Erwachsene am meisten Spaß daran. Von der richtigen Astwahl über die Entfernung des Marks und der Freilegung der glänzenden Oberfläche: Die Anfertigung einer Halskette aus Holunder ist eine lohnenswerte und beruhigende Tätigkeit.

30

Akustische Kontemplation

Die Bewohner des Regenwaldes, deren Blick in die Ferne durch das dichte Blattwerk behindert wird, haben ein stärker ausgeprägtes Gehör als andere Menschen. Allerdings können auch wir unser Gehör, mit dem wir unsere Umgebung beurteilen, verstehen und interpretieren, schärfen, indem wir den Geräuschen um uns herum etwas mehr Aufmerksamkeit schenken.

In unserer immer lauter werdenden Welt leiden schon viele Menschen an Gehörschäden, und wir sollten eigentlich im Alltag regelmäßig auf die Gesundheit unserer Ohren achtgeben. Sich bewusst auf die uns umgebenden Geräusche zu konzentrieren ist eine wirksame Strategie zur Verbesserung und Verfeinerung des Gehörs.

Im Wald gibt es etliche Geräusche, die unseren Gehörsinn stimulieren. Der Trick besteht jedoch darin, sich bewusst auf diese Töne zu konzentrieren, sodass sie nicht in der allgemeinen Kakophonie untergehen. Entscheidend ist, dass du deine Augen schließt und dich nicht bewegst. Du bist umgeben von Hunderten von Geräuschen, und dein Ziel ist es, sie zu unterscheiden und ihre Quellen zu identifizieren. Konzentriere dich auf ein bestimmtes Geräusch und versuche herauszufinden, woher es kommt und was dafür verantwortlich ist. Indem du versuchst, alle anderen Töne zu ignorieren und dich jeweils nur auf einen Ton fokussierst, trainierst du dein Gehör.

Es gibt natürlich sehr laute Geräusche, die du unmöglich ausblenden kannst, wie entfernt liegende Autobahnen oder Helikopter, die über dir kreisen. Und es gibt die dezenteren Töne, die man leicht überhören kann: das Sprudeln des Wassers unter der Erde, das Rascheln des Wildwuchses im Wind oder das Knarzen der Äste oben in den Bäumen. Es versteht sich von selbst, dass die lautesten Geräusche nicht unbedingt mehr Aufmerksamkeit verdienen als die leiseren.

31

Schatten nachzeichnen

Das Ziel dieses Buches ist es, dich ins Freie zu locken, sodass du die Schönheit der Natur in dir aufnimmst. Und das Nachzeichnen eines Schattens ist so friedlich und so erfüllend, wie es an einem sonnigen Nachmittag auf einer Waldlichtung nur sein kann. Du kannst das aber auch in einem Park, an einer Bushaltestelle oder sogar bei der Arbeit am Schreibtisch machen (vorausgesetzt, es befindet sich ein Fenster in der Nähe).

Suche dir einen kleinen Baum, einen Busch, eine Blume oder einen Stock, der einen Schatten wirft, und lege ein weißes Blatt Papier auf den Boden oder auf deinen Schoß, sodass der ganze Schatten auf dem Papier liegt. Zeichne nun die Ränder des Schattens nach; untersuche all seine Ecken und Enden und achte darauf, dass du kein Detail auslässt.

An einem Winternachmittag kannst du eine lange Rolle Papier mitnehmen und einen ganzen Baum und an einem heißen Sommertag eine Wildblume „kopieren". Solltest du den ganzen Tag am Schreibtisch sitzen, könntest du dieselbe Pflanze zu drei oder vier verschiedenen Tageszeiten nachzeichnen, um zu sehen, wie sich das wechselnde Licht auf deine Zeichnung auswirkt.

Der meditative Effekt, wenn du dich auf die kleinen Einzelheiten deiner Nachzeichnung konzentrierst, wird dir die gleiche geistige Ruhe bescheren wie das Malen in einem Achtsamkeitsmalbuch, aber mit dem besonderen Extra, dass du etwas völlig Originelles erschaffst. Und wenn dein Chef dich beim Zeichnen am Schreibtisch erwischt: keine Sorge, rahme dein Werk ein und schenke es ihm am nächsten Morgen.

32

Müll aufsammeln

Die meisten Menschen machen das nicht. Bevor du jetzt protestierst und behauptest, du seist einer der Müllsammler dieser Welt, denke mal darüber nach, dass du sicher an weitaus mehr Abfällen vorbeigegangen bist, als du aufgehoben hast. Selbst jemand, der sich wirklich als echter Müllsammler sieht, muss dem wohl zustimmen.

Nimm also eine Tasche mit, wenn du das nächste Mal im Wald spazieren gehst. Je nachdem, wie groß dein Ehrgeiz ist, entscheidest du dich für einen Frühstücksbeutel, eine Plastiktüte oder einen Müllsack. Und dann sammle im Wald die Abfälle anderer Leute auf.

Hier einige Punkte, die dir auffallen werden:

- Es ist erstaunlich, wie viel Müll herumliegt, auch wenn du auf ein Stück Land schaust, das oberflächlich sauber aussieht.
- Mindestens ein Stück Müll, das du findest, wird richtig alt sein, was du daran erkennst, dass sich das Firmenlogo geändert hat. Und du wirst dich wundern, wie lange es dauert, bis eine Verpackung biologisch abgebaut ist (und wie alt die Marke erscheint).
- Es macht dir nichts aus, weiterhin den Müll anderer Leute aufzusammeln, weil du weißt, dass du etwas wirklich Gutes tust.
- Jedes Mal, wenn du spazieren gehst, wirst du den Abfall nicht mehr übersehen können. Und hoffentlich findest du es genauso unmöglich, ihn zu ignorieren und dort liegen zu lassen.

Stell dir vor, jeder einzelne der ca. 7,5 Milliarden Bewohner auf der Erde höbe, statt Müll wegzuwerfen, jeden Tag ein Stück Abfall auf. Wenn du ein Teil dieser Welt sein möchtest, musst du ein Teil dieser Welt werden.

33

Ein bunter Spaziergang an grauen Tagen

Im Winter kann es schnell passieren, dass man lustlos wird, weil draußen alles grau in grau ist. Das schlägt aufs Gemüt und lässt bei vielen Schwermut aufkommen. Dies ist aber auch der ideale Moment, alle Kräfte zu mobilisieren, um die Schönheit und die Wonne zu entdecken, die sich noch immer in der Natur verbergen.

Wenn du dir eine Sammlung mit bunten Dingen zusammenstellen möchtest, dann nimm dir einen Pappteller, den du auf einer Seite mit doppelseitigem Klebeband versiehst. Das wird deine Bühne für all die Schätze, die du finden wirst. Und sie werden dir viel Freude bereiten, wenn du sie zu Hause auspackst.

Gehe in deinem vertrauten Wald spazieren und denke daran, wie grau, kahl und schmuddelig die Welt aussieht. Danach schaust du nach unten, nach oben und in all die Nischen und Winkel, die du normalerweise gedankenlos übersiehst. Dort findest du helles grünes Moos, gelbe Blätter, orangefarbene Samen, lila Beeren und rote Stängel. Du wirst feststellen, dass du nicht lange suchen musst und die Welt immer noch voller Farben und Leben ist.

Solltest du deinen mit Klebeband versehenen Teller dabeihaben, arrangiere die gefundenen Dinge schon während deines Spaziergangs. Gestalte ein Mandala, einen Regenbogen, eine Spirale oder einfach nur ein Mischmasch aus Farben. Wenn du alles nur in deine Taschen stopfst, vergiss nicht, deine Fundstücke zu Hause herauszunehmen. Ordne die Dinge auf einer Fensterbank oder einer Kommode zu einem kleinen Regenbogen an. Und an trüben Tagen sollte dich deine bunte Sammlung an all die Schönheit erinnern, die noch immer in der Welt zu finden ist.

34

Insektenschutz

Über Insekten zu schimpfen wäre unfair angesichts dessen, was sie leisten: Sie bestäuben Blüten, zersetzen tote Tiere und bekämpfen Schädlinge. Doch so nützlich dies alles auch ist, sie ändern nichts an der Tatsache, dass Insekten lästig sind, wenn wir im Wald spazieren gehen. Denke jedoch daran: Eine gute Schädlingsbekämpfung besteht darin, die herumschwirrenden Minimonster von uns fernzuhalten und sie nicht zu töten.

Wenn du am Lagerfeuer sitzt, solltest du für ein paar dicke Rauchschwaden sorgen, indem du ein paar grüne Blätter und/oder etwas moosbedecktes Holz darauf wirfst. Mücken, Schnaken und die meisten ihrer Konsorten meiden nämlich den Qualm.

Solltest du keine Lust haben, im rauchigen Mief zu sitzen, bündelst du einige getrocknete Salbeiblätter, Rosmarinzweige oder Zitronengrasstiele und wirfst sie ins Feuer. (Noch besser ist, wenn du sie in Zeitungspapier wickelst und sie zum Anzünden benutzt.) Die durch die brennenden Kräuter freigesetzten Chemikalien schrecken Insekten ab und verbreiten dabei noch ein angenehmes Aroma.

Erfahrene Großmütter können dir etliche Lebensmittel empfehlen, die du essen solltest, um dir die Plagegeister vom Hals zu halten. Wenn du auf Nummer sicher gehen willst, iss eine Knoblauchzehe, bevor du in den Wald gehst, packe etwas davon in dein Lunchpaket oder wirf eine ganze Knolle ins Feuer, denn Knoblauch ist ein guter Insektenschutz. Auch wenn das die kleinen Biester nicht davon abhalten wird, dich zu nerven, werden sie dich jedenfalls nicht stechen, denn sie mögen deinen Geruch nicht. Darüber hinaus wehrt Knoblauch Vampire ab, also lohnt es sich ohnehin, ihn bei sich zu haben.

Ein hausgemachtes Insektenschutzmittel wirkt genauso gut wie ein gekauftes und enthält keinen schädlichen Chemikalien. Für ein einfaches Insektenspray mischst du zu gleichen Teilen Essig und Wasser in einer Sprühflasche. Der einzige Nachteil ist, dass du fürchterlich riechen wirst. Um den gleichen Effekt zu erzielen, aber einen angenehmeren Duft zu verbreiten, verdünnst du einen Teelöffel Vanilleextrakt in 250 ml Wasser.

Trotz all dieser Ratschläge ist es wohl unvermeidlich, dass du ein- oder zweimal gestochen wirst. Im Handel gibt es mehrere Cremes oder Sprays, die das Jucken lindern, aber etwas Deodorant über die Stiche zu rollen, hilft genauso gut, denn das Aluminiumchlorid, das in den meisten Deo-Sticks enthalten ist, hilft gegen die Schmerzen und die Schwellungen. Außerdem duftest du nach einem langen Tag im Wald dann auch noch gut.

35

Baumschmücken

Überall auf der Welt gibt es Feierlichkeiten, bei denen Bäume verehrt und gepriesen werden. In verschiedenen Kulturen ist es eine Tradition, Bäume zu schmücken. Die Menschen verleihen dadurch ihrer Liebe zu einem bestimmten Ort Ausdruck, oder der Baum wird zum Versammlungsort für Familien und Freunde, um die Natur zu feiern und sich mit ihr zu verbinden.

Ob in Russland am Gründonnerstag einer Birke Damenkleidung angelegt wird, in Thailand einem Banyanbaumstamm Schals umgehängt oder Schleifen an einen Bodhibaum zu Ehren Buddhas angebunden werden, das Prinzip ist stets das gleiche: Wir feiern, preisen und widmen unsere Aufmerksamkeit der Natur und stellen somit unsere Beziehungen zu einem bestimmten Ort wieder her.

Du kannst selbst entscheiden, wie einfach oder aufwendig das Schmücken eines Baumes sein soll. Um die Umwelt möglichst gering zu belasten, solltest du hundertprozentiges Baumwollmaterial verwenden, das sich im Laufe der Zeit biologisch abbaut. Falls du davon nicht genug im Haus hast, färbe ein paar weiße Baumwollschnüre mit Lebensmittelfarbe oder stelle – wenn du weißt, wie's geht – dein eigenes Papier her.

Begib dich allein oder mit Freunden zu deinem Lieblingsort: in einen Park, einen Wald oder auch in deinen Garten. In einem Wald solltest du die Regeln des Försters oder Verwalters berücksichtigen; suche dir daher eine besondere (d. h. abgelegene) Stelle, wenn du deinen Baum in einem öffentlichen Gebiet herausputzt. Schmücke den Baum nach einem bestimmten Farbschema oder einem beliebigen Muster; deiner Kreativität sind keine Grenzen gesetzt.

Wenn du fertig bist, legst du dich auf den Rücken unter den Baum und betrachtest all die Farbstreifen, die nun im Wind tanzen. Dies ist auch ein guter Moment, über deine Ziele im nächsten Jahr nachzudenken oder wie dein geschmückter Baum auf andere wirken mag. Vielleicht fallen dir auch noch andere Mittel und Wege ein, wie du zum Schutz der Natur beitragen kannst.

Mache auch ein Foto von deinem geschmückten Baum. Kehre alle drei Monate an dieselbe Stelle zurück, schieße ein weiteres Foto und vergleiche es mit den älteren Aufnahmen. Du wirst staunen, wie sich dein kleines Kunstwerk im Lauf des Jahres verändert hat.

36

Der richtige Umgang mit Messern

Selbst die besten Pfadfinder schneiden sich ab und zu mit ihrem Taschenmesser; die richtige und vorsichtige Handhabung ist also entscheidend. Ein Messer in einen Ast zu stechen, während man einen weiteren Holzscheit ins Feuer wirft, es in den Boden zu rammen und gleichzeitig in sein Sandwich zu beißen oder im Gehen zu schnitzen, sind häufige Fehler, bei denen man sich mit dem Messer schnell verletzen kann.

Ein Messer ist ein sehr praktisches Werkzeug im Wald. Damit lässt sich nicht nur dein Baguette, ein Seil in Stücke und dein T-Shirt in provisorisches Verbandsmaterial schneiden, sondern du kannst damit auch Späne und Splitter entfernen. Es ist ein erhabenes Gefühl, ein Messer dabeizuhaben, wenn jemand es gerade braucht. Du wirst auch merken, dass, sobald du dich daran gewöhnt hast, eins bei dir zu tragen, nicht verstehen kannst, wie du jemals ohne Messer klargekommen bist.

Doch die Sicherheit muss stets Vorrang haben. Wenn du eine Scheide für dein Messer hast, dann benutze sie auch. Ist dein Messer eingeklappt, dann lasse es eingeklappt, wenn du es nicht benötigst. Wenn du diese Regeln befolgst, wirst du weder dich noch jemand anderes verletzen.

Messer müssen immer vom Körper weggeführt werden, ganz gleich, ob du ein Seil oder einen Apfel durchschneidest. Bewege die Klinge nie in Richtung deines Körpers. Und ganz wichtig: Führe die Hand, in der du das Messer hältst, nie näher zu deinem Gesicht, um besser sehen zu können, was du gerade machst, egal wie kurzsichtig du bist. Sich im Wald zu schneiden kann äußerst unangenehm sein und sollte auf jeden Fall vermieden werden.

Eine Grundvoraussetzung fürs Schnitzen ist, dass du genug Platz hast und dich bequem hinsetzt. Schnitze nicht im Gehen, nicht zu nah an anderen Personen und nicht im Stehen. Das Messer kann dir schnell entgleiten und in den Schuhen der anderen landen. Schnitze auch nicht große Holzstücke ab; arbeite langsam und gleichmäßig, statt ins Holz zu hacken. Behandle es wie eine Tomate, die geschält werden muss. Ebenso sind Verzierungen wie Zeichen, Muster und Bilder beim Schnitzen verlockend, aber denke daran: Du bist nicht Michelangelo. All dies birgt die Gefahr schmerzhafter Schnitte.

Wenn du die Schnitzerei erlernen willst, schneidest du zunächst breitere Stücke von deinem Holz ab, stets vom Körper weg. Wenn du die Grundlagen im Griff hast, gehst du zu komplizierten und feineren Arbeiten über (siehe Seite 76).

Deine Klinge wird bei regelmäßigem Gebrauch irgendwann stumpf werden. Sorge also dafür, dass sie stets richtig scharf ist – ein gewöhnlicher Küchenmesserschärfer ist ausreichend –; somit verringerst du dein Verletzungsrisiko. Lasse auch keine Grillsauce oder Käse an der Klinge kleben, sondern säubere sie nach Gebrauch, sonst musst du später den Rost mit Schleifpapier entfernen. Es ist auch sicher gut, immer etwas Gewebeband oder Pflaster im Erste-Hilfe-Koffer zu haben. Alle angehenden Schnitzkünstler werden sich gelegentlich einmal schneiden, und solche Schnitte bluten mitunter sehr stark.

37

Sirup aus Kiefernnadeln

Bei dem Wort „Sirup“ denken die meisten an den sehr süßen Ahornsirup für Pfannkuchen, der durch das Kochen des Saftes des Ahornbaumes entsteht. Ein Sirup ist jedoch jede dicke, süße Flüssigkeit, die als Medizin, als Zutat in Cocktails oder als Frühstücksbeilage dient.

In der Natur gibt es viele Pflanzen, aus denen sich Sirup herstellen lässt. Eine weniger bekannte, aber gerade für Stadtbewohner interessante Option ist ein Sirup aus Kiefernnadeln für Wintergetränke. Dank seines hohen Vitamingehalts und seiner Wirkung als Schleimlöser ist Kiefernsirup ein gutes Mittel gegen die Kälte und ihre Folgen.

Cocktails und Mocktails, gemischt mit Kiefernsirup, wärmen von innen, sind sehr pikant und passen in die Weihnachtszeit. Dein Sirup lässt sich in jeden beliebigen Drink mischen, den du aufpeppen willst.

Der Frühling ist die beste Zeit, um Kiefernnadeln* zu pflücken, wenn sie wohlduftend und hellgrün sind. Da sich der Sirup nur ein oder zwei Monate im Kühlschrank hält, frierst du die Nadeln entweder ein oder macht erst den Sirup und stellst ihn dann ins Gefrierfach. Wenn du nicht im Voraus geplant hast, keine Sorge: Wenn du im Wald schon auf der Suche nach einem Weihnachtsbaum bist, pflücke nur die kleinsten Nadeln von den Bäumen, und dein Sirup wird noch immer ein Genuss sein.

Einen Kiefernnadelsirup herzustellen ist denkbar einfach: Bringe 250 ml Wasser, 200 g Zucker sowie 30 g Kiefernadeln zum Kochen. Schalte danach sofort die Hitze ab, decke den Topf ab und lasse das Gebräu ein paar Stunden ziehen. Seihe die Mischung dann in eine festlich etikettierte Flasche ab, und du hast das perfekte Weihnachtsgeschenk. Oder fülle lieber gleich zwei Flaschen ab.

* *Achte auf die richtige Art der Kiefer. Auch wenn die Nadeln der meisten essbar sind, gibt es auch einige giftige: die Eibe, die Gelbkiefer, die Schmuckzypresse und die Norfolk-Tanne. Ebenso sollten Schwangere wegen des hohen Vitamin-A-Gehalts keine Kiefernnadeln konsumieren.*

38

Waldtagebuch

Geteiltes Leid ist bekanntlich halbes Leid, aber das kann für den Zuhörer mit der Zeit lästig werden. Eine alternative Therapie wäre das Führen eines Tagebuchs. Gibt es eine bessere Methode für die Aufzeichnung deiner innersten Gedanken, ohne befürchten zu müssen, dass dein Zuhörer gleich in Tränen ausbricht?

Betrachte den Wald als eine Beratungsstelle im Freien, einen Ort der Stille und der Erfrischung, an dem du all deinen Stress hinter dir lassen kannst. Dann widme dich für 20 Minuten deinem Tagebuch. Schreibe auf, was an deinem Tag bislang geschah, was im Wald zu sehen ist und wie sich deine Füße nach einem langen Spaziergang fühlen. Was auch immer du notierst, schreibe 20 Minuten lang.

Wenn du ein Tagebuch im Wald führst, stehen dir mehrere Möglichkeiten offen, was du mit den Seiten machst, denen du deine geheimsten Gedanken anvertraut hast. Verbrenne sie am Lagerfeuer, begrabe sie in der Erde oder binde sie an einen Baum. Oder hebe sie für später auf, damit sie eines Tages in einer Radiosendung vorgelesen werden. Was auch immer du damit vorhast: Lasse deinen Gedanken freien Lauf und schreibe sie auf.

39

Pu-Stöckchen

Zwei Möglichkeiten sind zu beachten, bevor die Einzelheiten des Spiels mit Pu-Stöckchen erklärt werden. Erstens, du bist mit Pu der Bär aufgewachsen; dann kannst du diese Seite gerne überspringen. Wenn du aber, wie Tausende andere auch, das Spiel noch nicht kennst und nicht weißt, wie lustig es ist, dann musst du unbedingt sofort nach draußen und es ausprobieren.

Der schwierigste Teil des Spiels ist, eine geeignete Brücke zu finden. „Geeignet" bedeutet, die Brücke muss über einen Fluss oder einen Bach führen (an einem windigen Tag tut's auch ein Steg an einem See), sie darf nicht zu hoch sein, und in der Nähe müssen Zweige auf dem Boden liegen. Solltest du keine Zweige finden, sammelst du ein paar Grashalme oder Blätter. Schließlich brauchst du ein oder zwei Mitspieler (wenn du allein unterwegs bist, kannst du auch deine rechte gegen die linke Hand spielen lassen).

Jeder Spieler (oder jede Hand) lässt seinen Stock gleichzeitig über die flussaufwärts gelegene Seite der Brücke ins Wasser fallen, läuft dann zu der anderen Seite und wartet, wessen Stock zuerst zum Vorschein kommt. Am meisten Spaß macht es, wenn man das Ganze etwa 75-mal wiederholt, begleitet von einer Live-Reportage über das Duell der im Wasser treibenden Stöcke und einer stets aktualisierten Bestenliste.

Ein Nachmittag mit Pu-Stöckchen wird dir das Gefühl geben, mit sehr wenig sehr viel erreicht zu haben.

40

Essbare Beeren

Sich den Bauch mit frisch gepflückten Beeren vollzustopfen gehört im Sommer einfach dazu. Es gilt jedoch, giftige Beeren zu meiden, ansonsten ist es vorbei mit dem schönen Nachmittag. Beschränke dich daher auf leicht erkennbare und essbare Beeren; pflücke sie an einem warmen Sommertag, dann schmecken sie am besten. Meide auch Beeren, die zu nah an der Straße wachsen, da sie mit Schadstoffen belastet sein könnten.

Brombeeren *Spätsommer bis Herbst*
Brombeeren wachsen an dornigen Büschen, die oft von Brennnesseln umgeben sind, daher sind lange Hosen angebracht beim Pflücken. Du findest sie wild wachsend in Parkhecken, an sonnigen Stellen im Wald und auf dem Land. Wilde Brombeeren haben die Größe von Murmeln (anders als die Mutanten im Supermarkt) und bestehen aus mehreren kleinen Kügelchen in kräftigem Lila. Mache Marmelade oder Körperfarbe fürs Body Painting daraus oder iss sie direkt beim Pflücken. Du nimmst den Vögeln damit nicht ihre Nahrung weg, denn Brombeeren wachsen in Hülle und Fülle.

Holunderbeeren *Spätsommer*

Der Holunderstrauch hat einen gewundenen Stamm, eine schrumpelige Rinde und kleine, spitze Blätter. Ab Ende Mai trägt er breite Büschel mit kleinen, cremeweißen Blüten, die sich später im Sommer zu Beeren entwickeln. Der Holunderstrauch ist seit Langem für seine heilende Wirkung bekannt; er bekämpft alles: von Erkältungen bis zu Verstopfungen. Wir machen aus den Blüten Magenlikör, kochen die Rinde zur Herstellung eines Mittels, das Epilepsie und Asthma lindert, und pflanzen die Sträucher vor unserer Tür, um uns den Teufel vom Leib zu halten. Holunderbeeren sollten gepflückt werden, wenn sie tiefviolett und nicht mehr rot sind und erst nach dem Kochen gegessen werden. Die Beeren lassen sich mit einer Gabel oder mit den Fingern von den Stielen lösen. Auch nachdem sie gekocht sind, behalten sie ihre satte violette Farbe bei und eignen sich hervorragend zum Aromatisieren von Gin und Essig. Natürlich lassen sich auch Marmelade und Wein daraus herstellen.

Mehlbeeren *Spätsommer bis Herbst*
Das Wichtigste bei der Suche nach Mehlbeeren ist, den richtigen Strauch zu finden. In der Natur wachsen viele kleine runde und leuchtend rote Beeren, von denen man tatsächlich krank wird. Mehlbeeren wachsen an Weißdornsträuchern, die erkennst du an den typischen gebuchteten Blättern, den weißen, fünfblättrigen Blüten (die mit dem Auftauchen der Beeren verschwunden sind; du musst also im Frühjahr nach den richtigen Büschen Ausschau halten) und seinen Dornen (die nicht unbedingt giftig sind, aber mitunter schädliche Bakterien beherbergen); passe also auf, dass du dich beim Pflücken nicht kratzt. Die ovalen roten Beeren hängen an den Stielen herab, sodass du jeweils das schwarze „Auge" sehen kannst, aus dem sie aus den Blüten gewachsen sind. Mehlbeeren eignen sich gut zur Herstellung von Marmelade, Likör, Ketchup und Streuselkuchen. Für den rohen Verzehr sind sie weniger geeignet; packe also eine Kiste voll, trage sie nach Hause und mache etwas daraus.

41

Progressive Muskelentspannung

Bei verspannten Nackenmuskeln, zu viel Stress und Konzentrationsmangel liegt die Lösung auf der Hand: ein Spaziergang im Wald zum Durchatmen. Manchmal jedoch, wenn der Stress uns zu erdrücken droht und ein einfacher Spaziergang nicht ausreicht, die Dämonen unserer Sorgen zu vertreiben, bedarf es einer anderen Strategie.

Starker Stress erfordert starke Maßnahmen, also fahre schwere Geschütze auf, um deine Gemütsruhe wiederzufinden. Begib dich kurzerhand in den Wald und mache einige Atemübungen (siehe Seite 74) bei deinem Spaziergang. Spüre, wie dein Körper sich entspannt, aber akzeptiere auch den Stress, der immer noch da ist.

Suche dir jetzt einen bequemen Platz zum Sitzen und absolviere zehn Minuten die Technik der sogenannten progressiven Muskelentspannung. Beginnend mit den Zehen, spannst du die Muskeln für zehn Sekunden stark an und lockerst sie danach wieder. Übertrage dieses Schema des An- und Entspannens auf den ganzen Körper: Zehen, Waden, Oberschenkel, Hintern, Bauch, Finger, Unterarme, Bizeps, Schultern, Hals und Augen.

Wenn du die Augen öffnest, wirst du feststellen, dass sich dein Körper entspannt hat und dass du die vergangenen zehn Minuten damit verbracht hast, über nichts anderes nachzudenken, als die Spannung in deinem Körper abzubauen. Das Anspannen und das Lockern der Muskeln verlangsamt die Adrenalinproduktion, was wiederum dazu führt, dass dein gesamter Körper weniger Stress verspürt.

Das Schöne an dieser Übung ist, dass sie sich überall dort praktizieren lässt, wo du dich in Ruhe für zehn Minuten hinsetzen kannst. Wenn du diese progressive Entspannungstechnik im Wald absolviert hast, wirst du den ganzen Tag gelassener sein. Und wenn du diese Technik in deinen Alltag integrierst, wirst du dich langfristig besser fühlen, sodass du vielleicht Lust bekommst, noch anspruchsvollere Waldausflüge zu unternehmen.

42

Grashalmflöte

Wir kennen sie alle, diese pfiffigen Naturburschen, die mit einem Grashalm einen entenähnlichen Laut erzeugen. Manche können sogar ein ganzes Lied damit spielen, indem sie einfach nur Luft an dem Gras zwischen ihren Fingern vorbeiblasen.

Wie machen sie das? Wo liegt der Quell des Wissens über das Grasblasen, und wieso haben wir nicht alle von ihm getrunken? Ärgere dich nicht, denn mithilfe eines einfachen Tricks kannst auch du Geräusche wie eine Ente machen.

Zuerst musst du den richtigen Grashalm finden, am besten im Frühjahr und im Sommer, wenn das Gras saftig und voller klebriger Lignine ist, die für robuste und resonante Grashalme sorgen. Pflücke den breitesten Halm, den du findest, und reiße ihn der Länge nach so weit auf, dass der Schlitz etwas länger ist als deine Hand; der breiteste Teil des Halms ist deine Flöte.

Strecke deine Hände vor dir aus, sodass sich die die Daumenspitzen berühren. Jetzt führe die Hände unten zusammen, bis sich auch die auch die Handballen berühren; zwischen den Daumen solltest du jetzt einen rautenförmigen Spalt erkennen. Durch diesen Spalt ziehst du nun deinen Grashalm. Halte den Halm seitlich zwischen den Daumen und achte darauf, dass er so straff gespannt ist wie möglich, ohne ihn zu zerreißen. Schürze die Lippen und lege deinen Mund über die Spalte im Halm – und jetzt blase! Geschafft. Wer ist jetzt hier der schlaue Fuchs?

43

Feierlichkeiten zur Sommersonnenwende

Manche mögen glauben, man müsse in den 1960er Jahren in einer Hippiekommune aufgewachsen sein, um die Festlichkeiten am Tag der Sommersonnenwende erlebt zu haben, aber das ist Unsinn. Die Sommersonnenwende bezeichnet den längsten Tag des Jahres und kann überall gefeiert werden, ob als Hippie oder nicht.

Man nimmt an, dass diese Zeremonie zum Auf- und Untergang der Sonne am 21. Juni auf der Nordhalbkugel und am 21. Dezember auf der Südhalbkugel auf unsere neolithischen Vorfahren zurückgeht. Ursprünglich gab die Sonnenwende den Zeitpunkt an, wann gepflanzt und wann geerntet werden sollte. Archäologen haben Steinkreise freigelegt, die auf den meisten Kontinenten am Tag der Sonnenwende zur Sonne ausgerichtet sind. Das verweist darauf, den Lauf der Jahre zu verfolgen, den mit der Sonne verbundenen höheren Kräften zu huldigen sowie die Abhängigkeit des Menschen von den Jahreszeiten bewusst zu machen, um sein Überleben zu sichern.

Beobachtungen der Sommersonnenwende gab es schon lange vor der Geschichtsschreibung, oft in Zusammenhang mit unterschiedlichen Weltanschauungen, aber stets als eine Zeit der Festlichkeit und der Gemeinschaft. Für die alten Griechen markierte die Sonnenwende das neue Jahr und den Beginn des einmonatigen Countdowns für die Olympischen Spiele. Chinesische Feierlichkeiten konzentrierten sich in der Vergangenheit darauf, an diesem Tag das weibliche Element bzw. das *Yin* des *Yin und Yang*-Prinzips zu ehren. Und die Heiden in Nordeuropa zelebrierten die Sonnenwende mit Freudenfeuern, weil sie glaubten, das Feuer trage dazu bei, die Sonne anzuheizen (wodurch für den Rest des Jahres für eine bessere Ernte gesorgt werde). Man glaubte auch, Feuer werde die bösen Feen und Kobolde abschrecken, die, infolge des ausgedünnten Schleiers zwischen den Welten, zu dieser Zeit wahrscheinlich freier umherstreiften.

Um diesen Tag mit Freunden amüsant und ausgelassen zu feiern, fertigst du Blumenkronen oder ein Mandala mit Wildblumen in Form einer Sonne an; oder du zeltest in deinem Garten. Die Feier der Sommersonnenwende bedarf keines besonderen Aufwands. Zünde eine Kerze inmitten eines Freundeskreises an und verbrenne dann Zettel, auf denen geschrieben steht, welche Dinge du fahrenlassen, erleben oder auf die du näher eingehen möchtest.

Ohne das Schicksal oder die Feen herausfordern zu wollen, ist die vielleicht magischste und unterhaltsamste Art, heutzutage die Sommersonnenwende zu feiern – abgesehen von einer Pilgerfahrt nach Stonehenge –, deine Freunde an einem Lagerfeuer zu versammeln, etwas gemeinsam zu essen und ausgelassen zu feiern. Denn was anderes ist die Sommersonnenwende als ein Vorwand, der so alt ist wie die Zeit, eine Party zu veranstalten?

44

Tiere aufspüren: Spuren und Hinweise

Anhand ihrer Hinterlassenschaften und Fußspuren sind wild lebende Tiere leicht zu identifizieren. Um jedoch die Ermittlungskompetenz eines Sherlock Holmes zu erlangen, solltest du dich auch im Lesen anderer Spuren üben.

Aas

Halte Ausschau nach halb aufgefressenen Kadavern oder verworfenen, ungenießbaren Fleischstücken, da sie auf größere Raubtiere hinweisen könnten.

Otter

Fischköpfe und -schwänze entlang eines Flussufers verweisen auf Otter.

Falken

Eine halb aufgefressene Kröte könnte bedeuten, dass sie von einem Falken geschnappt und dann fallen gelassen wurde.

Möwen

In der Nähe eines felsigen Ufers deuten zertrümmerte Krebsscheren oder offene Muschel- oder Strandschneckenschalen darauf hin, dass hier Möwen am Werk waren.

Füchse

Herumliegende Vogelflügel könnten ein Hinweis darauf sein, dass ein Fuchs einen Vogel gerissen hat. Denn die Flügel enthalten kein Fleisch und werden daher verworfen.

Bussarde

Raubvögel rupfen kleineren Vögeln erst die Federn aus, bevor sie sie fressen. Und meistens liegen diese Federn dann kreisförmig auf dem Boden und sehen aus wie ein natürlicher „Gedenkstein".

WEITERE SPUREN

Noch mehr Möglichkeiten, Wildtieren auf die „Spur" zu kommen.

Dachse

Suche nach Dachswegen: abgetretene Pfade auf langem Gras, auf denen das Tier jede Nacht auf Nahrungssuche geht.

Kaninchen oder Füchse

Fellablagerungen auf Hecken, niedrig hängenden Ästen oder Zäunen können von Kaninchen, Füchsen oder weidenden Schafen stammen.

Rehe und Hirsche

Diese schwer zu entdeckenden Tiere hinterlassen deutliche Spuren in den Wäldern. Sie kratzen und nagen an der Rinde von Bäumen und fressen die tief hängenden Zweige. Bäume mit „Wildverbiss" an den Rinden oder gleichmäßig abgefressene Äste können also auf Rehe und Hirsche hinweisen.

45

Besser atmen

Da du im Prinzip wahrscheinlich schon richtig atmest, müssen wir hier nicht mit einem Grundkurs beginnen. Das Folgende ist auch kein Yogahandbuch, enthält also nichts allzu Technisches zur Verbesserung deiner Atemtechnik. Gehe hinaus ins Freie, wenn die Luft kalt ist, sodass du sie beim Einatmen wirklich spürst.

Atme tief durch die Nase ein und spüre den Luftstrom, der in deine Lungen fließt. Nachdem du ihn für kurze Zeit angehalten hast, atmest du aus, und du fühlst die warme, ausströmende Luft. Stell dir diese warme Luft als „schlechte" Luft vor: die sich unbewusst in deinem Körper angesammelt hat, die in unseren sterilen Räumen klimatisiert, gefiltert und gereinigt wurde und die nichts von den Enzymen des Waldbodens enthält, die deinen Körper mit Energie und Entspannung versorgen.

Atme diese „schlechte" Luft mit aller Kraft aus und wiederhole diesen Vorgang, bis du dich erfrischt fühlst. Wissenschaftlich betrachtet wird durch die Verlangsamung der Atmung das parasympathische Nervensystem stimuliert, und das wiederum begünstigt die körperliche Entspannung. Außerdem wurde festgestellt, dass die Einatmung negativ geladener Luft (die „gute" Luft, die entsteht, wenn Moleküle zusätzliche Elektronen durch die Sonneneinstrahlung und die Pflanzenwelt anziehen) stimmungsaufheiternd wirkt und das Auftreten der saisonal-affektiven Störung (SAD) verringert.

Wenn du dich also das nächste Mal in der freien Natur befindest (oder gehe doch einfach jetzt nach draußen!), widme dich für einen Moment deinem Atmen und versuche zu visualisieren, wie dein Körper von der Güte unserer Mutter Natur geflutet wird.

46

Land-Art selbst gestalten

In den späten 1960er Jahren prägte der amerikanische Künstler Robert Smithson den Begriff „Land-Art", um damit Kunstwerke zu beschreiben, die mithilfe der Natur geschaffen wurden und auch in ihr verblieben. Die Vergänglichkeit dieser Kunst, die den Elementen ausgesetzt ist, gepaart mit der Unmöglichkeit, sie zu transportieren und zu verkaufen, waren der grundlegende Anreiz für diese Bewegung.

Heute sind die Erschaffung und das Fotografieren von Kunstwerken, die nur im Freien existieren sollen, ein lohnender Zeitvertreib für Künstler und Gleichgesinnte. Mit den natürlichen Konturen und Wellen einer Landschaft zu arbeiten, sich von den Farben der Natur inspirieren zu lassen und zu beobachten, wie menschengemachte Strukturen die Natur geformt und verändert haben, sind ein guter Ausgangspunkt für die Erschaffung deiner eigenen kleinen Land-Art.

Du kannst ein Mandala aus Blättern und Beeren oder eine Spirale aus Steinen gestalten. Pflücke Hunderte von Löwenzahnblüten und ordne sie zu konzentrischen Kreisen an. Lege ein Muster mit Stöcken aus, oder schmücke die Äste eines Baumes mit einer Girlande aus Wildblumen. Mache auf jeden Fall ein Foto davon und zeige es anderen, aber halte dich nicht an deinem Kunstwerk fest. Die Erschaffung von etwas Vergänglichem liegt im Prozess, nicht im Produkt.

47

Schnitzkunst

Stell dir einen alten Mann vor, der in einem Schaukelstuhl auf seiner Veranda sitzt und über die Prärie schaut. Dieses Bild kommt einem in den Kopf, wenn man das Wort „Schnitzen" hört – aber das könntest auch du sein. Allein und besinnlich dazusitzen und sich auf die Arbeit in den Händen zu konzentrieren, bietet die Möglichkeit für eine geistige und körperliche Ruhe, die jeder einmal erfahren sollte.

Wer das Glück hatte, in seiner Jugend mit einem Taschenmesser umgehen zu können, hat wahrscheinlich schon einmal einen Stock angespitzt, mit dem er einen Puma hätte erledigen können. Und mit ein paar Tipps und Tricks, die deine Schnitzkunst noch verbessern, wirst du innerhalb kurzer Zeit von spitzen Speeren zu spitzenmäßigen Kunstwerken übergehen.

Suche zunächst nach grünen Ästen, die frisch geschnitten und feucht sind, und zwar von einem Weichholzbaum wie Haselnuss, Kiefer oder Linde. Trockenes Holz oder solches mit vielen Knötchen lässt sich schwer bearbeiten und führt zu mehr Frust, als der Hobbyschnitzer in dir vertragen kann.

Zugrichtung: Messer nach unten in Richtung Daumen der Messerhand ziehen

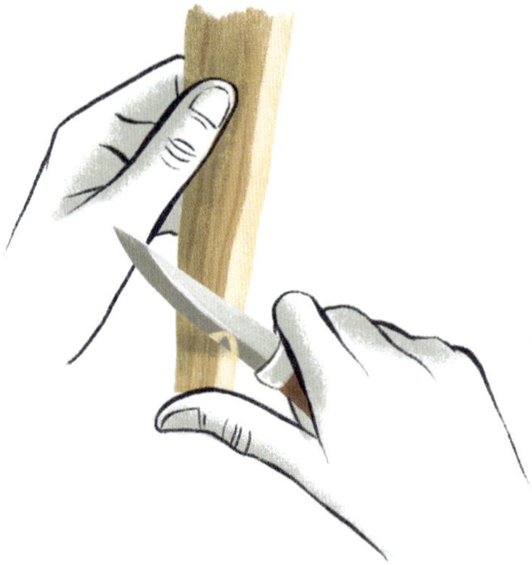

Vergewissere dich, dass die Klinge richtig scharf ist. Sollte das Schnitzen schwieriger werden oder mehr Kraft erfordern, so schärfe die Klinge wieder. Deine Schnitzarbeit bekommt dadurch eine bessere Qualität und du schneidest dich auch nicht so leicht. Apropos schneiden, halte einige Pflaster parat, denn am Anfang ist es ganz natürlich, dass du dir ab und zu in die Finger stichst. Weitere Informationen zur Messerauswahl findest du auf Seite 11.

Zuerst beginnst du mit geraden, rohen Schnitten, um deiner Form Gestalt zu verleihen. Setze dich so hin, dass die Ellenbogen auf deinen Knien ruhen und du das Messer vom Körper fort nach unten bewegst. Achte auf den Richtungsverlauf der Maserung und schnitze in diese Richtung. Stell dir das grobe Schnitzen ähnlich wie das Schälen einer Möhre in langen, dünnen Streifen vor.

Drückrichtung: Messerklinge mit beiden Daumen nach oben drücken

Wenn du das beherrschst, gehst du zu detaillierteren Arbeiten über. Bevor du das machst, vergewissere dich, dass du dein Messer sicher handhabst, denn du musst es so festhalten, dass beide Daumen auf der stumpfen Klingenkante liegen. Mit einer ähnlichen Ausgangsstellung wie beim Apfelschälen kannst du Kerben und Spalten kreieren, wenn du die Klinge in das Holz in Richtung des Daumens deiner Messer führenden Hand ziehst (siehe Abbildung links). Führst du hingegen das Messer in Drückrichtung, kannst du verzwickte Details gestalten, indem du mit beiden Daumen gegen die Rückseite der Klinge drückst (siehe Abbildung oben).

Sobald du einige dieser Grundtechniken beherrschst, versuchst du einen Stock zu schnitzen und verzierst den Griff mit Kerben oder Streifen. Für eine Kerbe drückst du das Messer mit beiden Daumen auf der Rückseite der Klinge in Richtung der Astmitte, sodass ein Winkel von 1 cm Länge entsteht. Sodann drehst du den Ast um und drückst die Klinge zur gleichen Stelle nach unten, und schon hast du ein schönes Detail am Griff. Um Streifen zu erzeugen, ritzt du die Rinde um den Griff kreisförmig zweimal im Abstand von circa 2 cm ein. Dann schälst du die Rinde zwischen den beiden Ringen ab, indem du die Klinge wieder mit beiden Daumen in das Holz drückst. Natürlich bleibt es dir überlassen, wie viele dieser Muster du gestaltest.

Grate gestalten

Grate zu gestalten ist recht einfach: Ziehe das Messer nach unten in Richtung deines Daumens der Messerhand, um eine einzelne Holzschicht bis zu einem gewissen Punkt abzuschälen; achte nur darauf, dass die Rinde nicht abfällt. Kehre nun zum Ausgangspunkt zurück und ziehe eine weitere Schicht bis zum Endpunkt ab. Jetzt hast du zwei Grate, die aussehen wie leichte Federn, und du kannst das so oft wiederholen, wie du möchtest.

Hier noch ein paar Hinweise, was dir beim Schnitzen passieren kann:

- Wenn du das Schnitzen unterbrichst, musst du wieder von vorn anfangen.
- Dir gefällt deine fertige Schnitzarbeit nicht, sodass du noch mehr Übung benötigst.
- Du schneidest dich. Wenn du aber die Sicherheitshinweise befolgst, wie mit einem Messer umzugehen ist, wirst du nicht verbluten.
- Du findest Ruhe in der Natur, was auf lange Sicht wesentlich wichtiger ist als dein handgeschnitzter Bleistift.

48

Body Painting

Seit Jahrtausenden benutzen Menschen ihren Körper und ihr Gesicht als Leinwand. Es ist sehr wahrscheinlich, dass du von Vorfahren abstammst, die Body Painting als Teil ihres Alltagslebens und ihrer Rituale betrachteten. Schlammschichten schützten Babys und Jäger vor Sonnenbrand und Insektenstichen; Jugendliche verzierten ihren Körper mit Symbolen und Farben, um sexuell attraktiver zu erscheinen, und Erkennungszeichen verrieten den sozialen Status und die Familienzugehörigkeit.

Körperbemalung ist außerdem eine Kunstform an Orten, an denen es kaum oder keine Leinwände gibt; mit ihr werden Geschichten erzählt und weitergegeben, und es ist eine Praxis, denjenigen zu verschönern, der eine Bitte an die Götter richtet. Warum also widmest du dich nicht diesem Teil deiner anthropologischen Geschichte und verbringst etwas Zeit damit, deinen Körper zu bemalen?

Frisch ausgegrabener Lehm

Lehm findest du an Flussufern, Teichrändern und überall dort, wo es wenig Bodenbewuchs gibt. Und weil er so leicht zu finden ist, eignet er sich gut zur Gesichtsbemalung, außerdem reinigt und bereichert er die Haut. Wenn du lieber mehr Farbe und Textur auf deinem Körperkunstwerk haben möchtest, nur zu …

Kreidefarbe

Zerstoße weichen Kalkstein mit einem größeren Stein zu feinem Pulver, dann mische es mit etwas Wasser, um eine weiße Farbe zu erhalten.

Beeren

Zerquetsche irgendwelche essbaren Beeren, wie Brombeeren oder Holunderbeeren (denke jedoch daran, dass die Haut dann für einige Tage gefärbt bleibt), um einen satten violetten Farbstoff herzustellen, der als Lippenstift oder als anderes Make-up verwendet werden kann.

Holzkohle

Sammle von einem ausgekühlten Feuer – oder gieße, falls du es eilig hast, etwas Wasser auf einen Teil eines brennenden Feuers – kleine Stücke Holzkohle auf, um damit feine schwarze Linien oder große Muster auf die Haut zu zeichnen.

Kupferfarbene Erde

Begib dich in ein verlassenes Bergbaugebiet, und du wirst feststellen, dass der Boden einen reichen Kupferton aufweist, der für eine schöne rotbraune Tönung auf der Haut sorgt.

Das Aufspüren der Zutaten, die Herstellung der natürlichen Farben und deren Auftrag auf den Körper kann genauso rituell sein wie die Rituale, für die sie ursprünglich geschaffen wurden. Gönne dir die Zeit, um die Erfahrung zu machen, deinen eigenen Körper als Leinwand zu benutzen. Und wenn du Lust hast, zeichnest du ein kleines Motiv auf die Innenseite deines Arms. Dieses kleine Kunstwerk wird dir noch Freude bereiten, wenn du morgen wieder am Schreibtisch sitzt.

49

Fitnesstraining im Freien

Während die Mitgliedsbeiträge im Fitnessstudio ständig steigen, bleibt deine Fitness maximal gleich. Vielleicht liegt es an dem künstlichen Licht, dem Schweißgeruch in der künstlich klimatisierten Luft, an den vielen Leuten oder an all den Spiegeln, die die Studios eher unattraktiv machen.

Doch das meiste, was im Studio getan werden kann, kann im Freien besser erledigt werden, und alles andere lässt sich improvisieren. Einige Kommunen haben Fitness-Parcours oder Trainingsgeräte im Freien aufstellen lassen. Ihre Benutzung ist kostenlos, und sie bieten den Vorteil, an der frischen Luft zu sein. Gibt es das nicht in deiner Nähe, dann gehe doch einfach in den Wald und versuche mal Folgendes:

Klimmzüge am Baum

Das bedarf wohl keiner großen Erklärung. Suche dir einen Ast in der richtigen Höhe und mit dem passenden Umfang – und los geht's.

Beinheben

Von Affen erfunden und von Kindern, die auf einen Baum klettern wollen, übernommen, trainiert diese Übung deinen Bauch besser als jeder Crunch. Auch wenn es dir nicht gelingt, dich wie ein Affe auf einen Baum zu schwingen, ist es doch einen Versuch wert. Suche dir einen Ast, den du mit nach oben gestreckten Händen greifen kannst. Springe hoch und umfasse den Ast mit mehr als schulterbreitem Griff (nicht mit engem Griff wie bei Klimmzügen). Spanne nun deine Bauchmuskeln an, um die Beine hochzuheben und dich mit ihnen über den Ast zu hängen. Sollte es dir gelingen, hängst du jetzt dort wie ein Faultier. Der nächste Schritt ist, dass du mit der Kraft deiner Arme versuchst, dich auf den Ast zu heben. Falls du aber kein Zehnjähriger oder Olympionike bist, wird du das wohl kaum schaffen. Gib dich also damit zufrieden, wie ein Faultier am Baum zu hängen.

Liegestütz am Baum

Stell dich vor einen großen Baum und stütze dich mit deinen Händen in Kopfhöhe gegen den Stamm. Drücke dich jetzt, wie beim Liegestütz auf dem Boden, mehrmals von dem Baum ab und lasse den Körper dabei gerade. Je weiter deine Füße vom Baum entfernt sind, desto anstrengender ist die Übung. Abgesehen davon, dass du dadurch deinen Trizeps trainieren kannst, bietet sich dir mit jeder Wiederholung die Gelegenheit, die Textur der Rinde aus der Nähe zu studieren. Es ist also gewissermaßen eine Win-win-Situation.

Bachhüpfen

Sollte durch deinen Wald ein Bach fließen, bietet das eine gute Möglichkeit, deine Beinmuskeln zu trainieren. Gehe den Bach entlang, indem du über die Steine vom einen zum anderen Ufer springst. Du kannst entweder von Stein zu Stein hüpfen oder – als extra Workout – einen zweibeinigen Sprung wagen. Das ist gutes Training für dein Herz-Kreislauf-System. Und solltest du in den Bach fallen, wird es sogar noch lustig.

50

Zahnbürste aus Holz

Hast du dich jemals gefragt, wie unsere Vorfahren ihre Zähne gesund und in Schuss gehalten haben? Ohne Plastikzahnbürste und Zahnpasta mit frischem Minzgeschmack? Falls nicht, wäre das jetzt ein guter Zeitpunkt darüber nachzudenken, wie *alles*, was heute aus Kunststoff besteht, früher hergestellt wurde. Denn dir ist klar: Plastik ist Müll.

Die Zahnbürste ist eine recht moderne Erfindung, auf die wir eigentlich verzichten könnten. So wie ein Schneidebrettchen aus Holz antibakterieller ist als eins aus Plastik, ist eine Holzzahnbürste reinigender als die handelsüblichen aus Kunststoff. An dieser Stelle wird wahrscheinlich niemand seine Überschallzahnbürste ausrangieren, aber es ist doch gut zu wissen, dass man ganz leicht eine Zahnbürste aus einem Zweig herstellen kann. Das ist recht praktisch, wenn man vergessen hat, sich die Zähne zu putzen – oder einem ein unerwartetes Rendezvous im Wald bevorsteht.

Eine Zahnbürste lässt sich aus fast jedem Holz anfertigen. Der Hartriegel (auch Hornstrauch genannt) jedoch zeichnet sich durch antimikrobielle Eigenschaften aus, die Bakterien abtöten, statt sie nur abzuwischen. Weitere geeignete, unschädliche Bäume sind Buche, Apfel, Haselnuss, Birne, Weide, Olive, Bambus, Walnuss und Birke. Viele von ihnen enthalten Antiseptika, sodass Zahnpasta gar nicht nötig ist, wenn man sich die Zähne „natürlich" putzt.

Sobald du deinen Baum gefunden hast, brichst du einen Zweig von der Größe einer Zahnbürste ab und entfernst mit einem Messer 2 cm Rinde vom Ende. Solltest du kein Messer dabeihaben (wirklich nicht?), kaust du die Rinde ab und spuckst sie aus. Ja, keine Sorge, denn schon bald besitzt du eine Zahnbürste, mit der du die Rinde zwischen deinen Zähnen herausholen kannst. Wenn der fleischige Teil des Astes zum Vorschein kommt, kaue einfach etwas darauf herum, bis er ungefähr aussieht wie eine Zahnbürste. Du wirst merken, wenn es soweit ist, denn das Holz ist dann in viele dünne „Borsten" gespalten. Putze dir dann wie gewöhnlich die Zähne – und vergiss die hinteren nicht.

51

Wabi-Sabi

Wabi-Sabi, ein altes japanisches ästhetisches Konzept, hat seine Wurzeln im Zen-Buddhismus und wurde ursprünglich als eine Möglichkeit angesehen, Leere und Unvollkommenheit als ersten Schritt zur Erleuchtung anzuerkennen.

Im modernen Japan dient Wabi-Sabi allgemein dazu, Vergänglichkeit, Unvollständigkeit und Unvollkommenheit gelassen zum Ausdruck zu bringen und zu akzeptieren, sodass man Vergänglichkeit und Schönheit besser versteht; und das wiederum führt zu Frieden und Zufriedenheit.

Die Schönheit des Unvollkommenen, die Vergänglichkeit des Daseins und die Unvermeidlichkeit des Todes lassen sich nirgends besser beobachten als im Wald. Das ästhetische Konzept des Wabi-Sabi muss nicht unbedingt auf den Fernen Osten beschränkt sein, sondern ist gar nicht allzu weit von unseren eigenen Erfahrungen entfernt. Schon wenn wir uns freuen, ein vierblättriges Kleeblatt zu finden, wird uns die Mystik des Wabi-Sabi verständlich.

Achte bei deinem nächsten Waldspaziergang auf die Jahresringe eines gefällten Baumstamms oder Astes. Erfreue dich allein daran, darüber zu sinnieren, wie viele Jahre es gedauert hat, all diese Ringe zu formen, und werde dir bewusst, dass das Leben dieses Baumes nun beendet ist. Dies ist eine Möglichkeit, Wabi-Sabi zu erfahren. Das Bewusstsein, dass der Baum im Kampf um sein eigenes Überleben im Kreislauf der Natur verantwortlich für den Tod anderer Lebewesen war, lässt uns die Macht und Zwangsläufigkeit der Natur akzeptieren. Und dass der Baum dann selbst wieder verrottet und damit als Nahrungsquelle für wirbellose Tiere und als Nitratlieferant für zukünftige Baumgenerationen dienen wird, öffnet dir die Augen für den Lebenszyklus, in dem der Tod ein unabwendbares und ein oftmals willkommenes Ereignis ist.

Gehe im Herbst in den Wald, betrachte ein welkendes Blatt und nimm dir einen Moment Zeit, über das gesamte Dasein dieses Blattes nachzudenken. Untersuche das regelmäßige Muster der Baumrinde und halte Ausschau nach den kleinen Verletzungen, die durch das Abbrechen der Äste hervorgerufen wurden, jetzt aber wieder verheilt sind. Da sich alles in der Natur in einem ständigen Kreislauf von Werden und Vergehen befindet, kannst du dich gerade im Wald auf die unumgänglichen Veränderungen des Lebenszyklus besinnen. Mit dieser Einsicht wirst du auch deine eigene Vergänglichkeit in der Welt verstehen und akzeptieren.

52

Holunderblüten-Krapfen

Holunderblüten sind vor allem dafür bekannt, als Quelle für sommerliche Köstlichkeiten wie Holunderblütenlikör und sogar für Champagner zu dienen. Aber die vielleicht einfachste Art, diese Blüten zu genießen, ist, köstliche Krapfen daraus zu zaubern.

Diese unverwechselbaren Zweige mit ihren winzigen, cremeweißen Blüten lassen sich zwischen Ende Mai bis Mitte Juni bedenkenlos verzehren. Um in den Genuss ihres optimalen Geschmacks zu kommen, sollte man sie idealerweise an einem sonnigen Tag pflücken. Sie sind aber auch ein Paradies für Insekten, daher ist es ratsam, sie nach dem Pflücken direkt auszuschütteln, um die kleinen Tierchen loszuwerden – es sei denn, du möchtest noch extra Protein aufnehmen.

ZUTATEN

- Bratpfanne mit hohem Rand
- 1 l Speiseöl
- 240 g Mehl
- 125 ml Milch
- Zwei Eier
- Prise Salz
- 2 EL Zucker (oder Puderzucker zum Sprenkeln)

Die kleinen Krapfen über einem Lagerfeuer statt in deiner Küche zuzubereiten, ist an sich schon mal eine gute Idee, da es eine chaotische und klebrige Angelegenheit ist. Es sollte dir also nichts ausmachen, eine Bratpfanne mit hohem Rand zu benutzen, die super schmutzig wird. Falls sich Veganer unter deinen Freunden befinden, gib etwas mit Backpulver gemischtes Mehl in eine Schüssel und füge Sojamilch hinzu, bis du eine dicke, aber dennoch flüssige Konsistenz hast.

Zubereitung

Du musst das Lagerfeuer rechtzeitig anzünden (siehe „Feuer machen" auf Seite 26), da du für die Küchlein heißes Öl benötigst. Lege ein paar Steine um das Feuer herum, worauf du die Pfanne halbwegs gerade platzieren kannst; anschließend befeuerst du deinen „Herd" weiterhin mit kleinen Stöcken direkt unter der Pfanne. Nachdem du die schönsten Holunderblüten von mehreren Sträuchern gepflückt hast (nicht nur von einem oder zwei Sträuchern, denn das hilft ihnen, in einem robusten Zustand zu bleiben), schüttelst du die Insekten ab und tauchst jede Blüte in den Teig. Danach gibst du die Blüten zum Frittieren in die Pfanne und siehst zu, wie sie anfangen zu brodeln. Die kleinen Krapfen brauchen nur ein paar Minuten, bis sie braun sind; lasse sie aber noch etwas abkühlen, bevor du sie isst.

Sobald du diese „Kochkunst" beherrschst, wirst du wahrscheinlich nach weiteren essbaren Pflanzen suchen, die sich in Teig eintauchen und in der Pfanne braten lassen. Dazu eignen sich unter anderem Löwenzahnblätter, Buchenblätter und jedes andere essbare Grünzeug.

53

Gegensätze erkennen

Sorry, ab hier gibt es keine Punkte für denjenigen, der weiß, dass das Gegenteil von unten oben ist. Was aber ist das Gegenteil von Baum? Von Wind? Und was bringt es überhaupt, Gegensätze zu benennen?

Sobald Kinder alt genug sind, auf dem Schoß ihrer Eltern zu sitzen, werden sie mit Gegensätzen konfrontiert: glücklich/traurig, schnell/langsam, heiß/kalt. Warum ist das so wichtig? Vielleicht deshalb, weil wir, wenn wir etwas Gegenteiliges erkennen, zuerst das Wesen des Dings oder der Sache verstehen müssen, und dabei lernen wir, die Welt zu begreifen.

Wenn du im Wald sitzt und etwas Interessantes siehst, versuche es mit all seinen Eigenschaften zu erfassen. Danach spiele mit dir selbst, indem du versuchst, etwas zu entdecken, das sein Gegenteil sein könnte. Ist das Gegenteil von einer Eiche ein Setzling oder ein Unkraut? Ist das Gegenteil vom Boden zu deinen Füßen das Flussbett, die Luft oder sind es die Wolken?

Das Wesen von allem, was du siehst, zu studieren, ermöglicht dir, ein tieferes Verständnis für die Natur der Dinge und für die Beziehungen zwischen den Elementen zu entwickeln: Das Wasser, in dem die Fische leben, ernährt den Baum; die Würmer, von denen sich die Vögel ernähren, graben die Erde für den Baum um, und der Wind, der die Samen der Blumen und Pflanzen verbreitet, sorgt für die Wellen, die den Sand erzeugen. Indem du dir Gedanken darüber machst, was die Bestandteile des Lebens auf der Erde eben nicht gemeinsam haben, wirst du besser ihre Aufgaben und Funktionen verstehen. Durch ein tieferes Verständnis der Beziehungen, die überall um uns herum wirken und walten, können wir, die Menschen, die Natur um uns herum besser schützen und unterstützen.

54

Bau eines Unterschlupfes

Lässt sich ein Unterschlupf bauen, der stabil und wetterfest genug ist, um eine Nacht im Freien zu campieren? Ja, gleichwohl ist es sehr unwahrscheinlich, dass jemand im Zeitalter der Pop-up-Zelte heute so etwas noch macht. Wie wäre es hingegen mit dem Bau eines temporären Unterstands, falls es plötzlich zu regnen beginnt? Ein Schutzdach, das vor Wind oder Sonne schützt oder unter dem wir zu Mittag essen können, einfach nur spaßeshalber?

Wie auch immer dein Unterschlupf aussehen soll, beachte Folgendes:

- Suche dir eine Stelle mit vielen heruntergefallenen Ästen und blättertragenden Zweigen; hacke oder schneide niemals Äste für deinen Schutzbau ab. (Eine Ausnahme wäre, du gingest im Dschungel verloren und würdest ohne einen Unterstand sterben; hier wäre die Beschädigung eines Baumes das geringste Problem.)
- Baue nicht in der Nähe eines Baches oder einer Quelle. Nachdem du eine schöne Stelle gefunden und dir einen Unterstand gebaut hast, wird dir mitunter zu spät klar, dass dein Plätzchen eine sprudelnde Quelle ist oder dass das Wasser schnell ansteigt.
- Nutze den Vorteil einer Astgabel, indem du sie mit anderen Ästen verzahnst, sodass die Stabilität deines Baus bei auftretendem Wind gewährleistet ist. Und wenn du die Äste kreuzweise auslegst, hast du schließlich ein Gitter, auf dem du die Blätter verteilen kannst.
- Lege auch Äste mit toten Blättern kreuzweise übereinander, um kleine Dachziegel als Regenschutz herzustellen, die dich auch ein wenig vor Kälte isolieren.
- Stelle die Wände nicht gerade, sondern schräg auf, um den bestmöglich Schutz gegen Wind und Regen zu haben.
- Wenn du windabgewandt baust, errichte die stabilste Schutzwand zwischen dir und dem Wind. So entgehst du auch der Gefahr, geräuchert zu werden, solltest du dir ein Feuer machen.
- Lasse dich von deiner Umgebung inspirieren und gestalte deinen Unterschlupf entsprechend. Falls du zufällig eine schöne, gemütliche Höhle findest, kannst du direkt zum Picknick übergehen.

Das Tipi

Wenn dir viele lange Äste zur Verfügung stehen, ist es am einfachsten, ein Tipi zu bauen, indem du möglichst viele Äste kreisförmig gegen einen Baumstamm lehnst. Stelle die dicken Enden auf den Boden, um das Risiko von Kopfverletzungen zu mindern, falls einer umfällt. Je weiter die Äste vom Stamm platziert sind, desto niedriger, aber breiter ist dein Tipi: gut geeignet fürs Mittagessen mit Freunden, weniger praktisch zum Tanzen.

Der Unterstand

Ein Unterstand ist im Grunde eine winklig gebaute Wand mit einem Querbalken, der alles trägt. Finde einen langen Ast, den du mit sicherem Halt horizontal als Balken in die Krümmungen zweier Bäume legst. Falls du ein Seil dabeihast, kannst du es zwischen zwei Bäumen spannen und dann die Äste dagegen lehnen. Ein solcher Unterstand ist schnell zu errichten, wenn du dich vor einem plötzlichen Regenschauer schützen musst.

Das Zelt

Stell dir das typische First- oder Giebelzelt vor: ein Firstbalken mit zwei schrägen Seiten. Im Grunde sind es zwei Unterstände, die gegeneinander liegen; achte also darauf, dass dein Firstbalken doppelt so stark ist. Sofern du nicht planst, Vorder- und Rückseite sowie Türen einzubauen, bietet ein Zelt auch nicht mehr Schutz als der Unterstand. Es ist jedoch gemütlich, wenn du dich in deinem kleinen Holzbau zurücklehnst und entspannst; hier geht's also um den Spaßfaktor.

55

Gehen und meditieren

Denkt man ans Meditieren, stellen sich die meisten eine Person vor, die im Schneidersitz auf dem Boden eines halb abgedunkelten Raumes sitzt. Das ist auch nicht ungewöhnlich, aber es gibt noch andere Wege, einen Zustand der Kontemplation zu erreichen, und einer davon ist ein Waldspaziergang.

Das hier ist nicht als Regieanweisung für deinen Spaziergang zu verstehen, sondern eher als eine Gelegenheit, einige Dinge, die während des Gehens durch den Wald mitunter deine Gedanken anregen, etwas eingehender zu betrachten. Das Entscheidende bei diesem Meditieren im Gehen ist, dass du versuchst, deinen Geist von allem zu befreien, nur nicht von deinen Gedanken und Beobachtungen darüber, was du sehen, fühlen oder riechen kannst.

Versuche nicht zu urteilen, achte nur darauf, was faktisch und real ist. Anstatt dir also selbst zu sagen, „Das ist eine schöne Blume“, ersetzt du dieses Werturteil durch „Das ist eine gelbe Wildblume.“ Das ist nur eine kleine Anpassung im Denken. Wenn du dich jedoch daran gewöhnst, eher zu beobachten als zu urteilen, wirst du spüren, wie dein eigenes Selbst sich weiter von deinen Gedanken entfernt. Durch diesen Prozess werden friedlichere Reflexionen in deinem alltäglichen Leben gedeihen.

Achte beim Gehen auf Folgendes:

- wie sich die oberen Spitzen der Bäume berühren, um ein Kronendach zu bilden
- das Geräusch der Blätter, wenn sie aneinander rascheln
- das Gefühl in deinen Füßen, wenn du auf unterschiedlichen Böden gehst
- die Sonnenflecken auf dem Boden
- die Bewegungen der kleinen Tiere im Unterholz
- die Farbflecken der Wildblumen

56

Selbstloses Schenken

Fast alle von uns haben schon einmal etwas weiterverschenkt, das uns nicht gefiel, aber doch sorgfältig ausgesucht wurde. Die stille Freude, etwas weiterzugeben, und die Erleichterung, es endlich los zu sein, sind wohl gleichermaßen dafür verantwortlich.

Stell dir nun vor, du verschenkst aus reiner Freude etwas (weiter) an jemanden, den du nicht kennst und für den das völlig unerwartet kommt, und du wirst auch nicht sehen, wie der Beschenkte das Geschenk in Empfang nimmt. Das ist eine ganz neue Art des Schenkens, und die Anonymität, die die weiten Räume der Natur ermöglichen, ist ideal.

- Pflanze im Spätherbst im Schutz der Dunkelheit eine ganze Tüte Narzissenzwiebeln am Wiesenrand deines Nachbarn.
- Deponiere in deinem örtlichen Park einen Teddy mit einem Schild um seinen Hals, auf dem steht: „Ich brauche ein neues Zuhause!“
- Hänge eine (eingeschweißte) Packung Kekse an einen Baum, mit dem Hinweis „Guten Appetit“ für den Finder.
- „Pflanze“ etwas Modeschmuck als Schatz an den Fuß eines Baumes.
- Hinterlasse ein Buch, das dir wirklich gefallen hat, in der Astbiegung eines Baumes, in der man auch bequem sitzen kann.

Die wahre Schönheit dieser Art des Schenkens besteht in dem Wissen, dass du positive Energie auf jemanden überträgst, dem du nie begegnen wirst. Das Glücksgefühl, das durch diesen Akt des selbstlosen Schenkens entsteht, bleibt dem Geber und dem Empfänger lange erhalten.

57

Blick in die Baumkrone

Nicht allzu viele Menschen machen das, und selbst diejenigen, die es tun, machen es nicht oft genug. Das wäre kein Problem, wenn es nur darum ginge, Ordnung in deiner Sockenschublade zu halten. Aber das hier ist etwas, das dich das Wunder des Universums erblicken lässt und eine Perspektive auf dein eigenes Leben gewährt, und beides ist von Bedeutung.

Der Wald trägt zu jeder Jahreszeit ein völlig anderes Blätterkleid: die spärlichen Äste im Winter, die hellen und saftigen Blätter im Frühling, das üppige, lichtabwehrende Kronendach im Sommer und die bunten Regenbogenfarben im Herbst. Sie alle haben ihren eigenen Zauber.

Dennoch ... Wie oft nimmst du dir die Zeit, den Blick nach oben zu richten? Oder noch besser: Wie oft legst du dich mitten im Wald auf den Rücken und schaust bewusst in die Baumkrone? Sollte deine Antwort lauten, „Weniger als einmal pro Woche“, wäre es jetzt ein guter Zeitpunkt, deine Prioritäten zu überdenken.

Suche dir eine Stelle, die du wirklich zu schätzen weißt, an der du Frieden und Glück empfindest und zu der du leicht zurückkehren kannst. Wenn du im Laufe eines Jahres die verschiedenen Kleider des Waldes kennenlernst, verbindet dich das auf eine ganz besondere Art mit dieser Stelle. Während man unter Bäumen liegt, stellt sich das Nachdenken über unser Universum fast automatisch ein; bereite dich also auf einige bewusstseinserweiternde Erfahrungen vor.

58

Kochen im Freien

Es ist nicht zu bestreiten, dass jede Mahlzeit, die im Freien zubereitet wird, besser schmeckt als genau die gleiche, die daheim in der Küche gekocht wird, auch wenn sie teilweise vielleicht etwas zu knusprig, teilweise noch nicht ganz gar ist. Das macht halt den Reiz eines Lagerfeuers aus.

Natürlich hat man nicht immer die Zeit, in einen Wald zu gehen, ein Feuer zu machen und stundenlang dort zu kochen. Das schmälert jedoch nicht die Bedeutung davon, etwas Zeit mit Kochen und Essen in der Natur zu verbringen und dabei etwas improvisieren zu müssen.

Sei es die Zubereitung eines Festmahls oder das Aufsetzen eines selbstgemachten Schnapses, am einfachsten ist es, sich einen sogenannten Hobokocher zu bauen. Dieser Kocher ist nach den Wanderarbeitern im Kalifornien des 19. Jahrhunderts benannt, die überall dorthin zogen, wo es Arbeit für sie gab. Deshalb hatten sie nur leichtes Gepäck bei sich und fertigten ihr Küchenequipment bedarfsweise an. Ein Hobokocher ist einfach nur ein Metallgefäß, das das Feuer vom Boden fernhält und eine Flamme zum Kochen hat, wenn man unterwegs ist.

Das Grundprinzip eines solchen Kochers besteht darin, dass die Luft von unten angesaugt wird und oben wieder entweicht. Im einfachsten Fall eignet sich eine leere Blechdose oder ein Metallgefäß. Stanze knapp über dem Boden eine Öffnung aus, die groß genug ist, dass kleine Stöcke hindurchpassen. Danach perforierst du den oberen geöffneten Rand ringsum mit kleinen Löchern als Abzugsöffnungen; dafür kannst du einen Schraubendreher, einen Bohrer oder ein Messer benutzen. Ziehe jedoch Handschuhe an, denn die Kanten sind scharf. Benutze ein Teelicht oder Feueranzünder, um für ein kleines, heißes Feuer am Boden zu sorgen, und lege immer wieder streichholzgroße Hölzer nach. Stelle eine kleine Metallschüssel oder Pfanne oben auf deinen Kocher und rühre dein Essen ständig um, da sonst die direkte Hitze der Flamme deine Mahlzeit sofort anbrennen lässt.

Eine Dosensuppe zu erhitzen oder Teewasser aufzusetzen sind gute Anfangsübungen für das Kochen mit einem Hobokocher. Etwas gewagtere, aber genauso einfache Alternativen sind das Erwärmen von Bohnen aus der Dose und Bockwürstchen, das Wasserkochen für Instantsuppen oder das Toasten kleiner Marshmallows. Es liegt an dir, wohin deine Kochkünste dich führen werden.

59

Im Dreck graben

Wenn es um Tätigkeiten geht, die bis weit in die Anfänge der Menschheitsgeschichte zurückreichen, ist nichts allgegenwärtiger, als im Dreck zu graben. Solltest du dich mit einem Landwirt oder Gärtner unterhalten, läufst du Gefahr, dir eine Ohrfeige zu fangen, weil du Dreck und nicht Erde gesagt hast, aber das nur nebenbei.

Aktuelle Forschungen deuten darauf hin, dass das Berühren und Einatmen von Bodenbakterien entscheidend für die Aufrechterhaltung unseres Immunsystems ist und ferner dazu beiträgt, für eine ausgeglichene Stimmung zu sorgen. Es scheint, dass einige chronische Krankheiten in den Industrieländern eng mit unserer mangelnden Exposition gegenüber den Mikroorganismen zusammenhängen, die sich zusammen mit dem Menschen entwickelt haben und unsere Immunität stärken.

Es muss hier wohl kaum erklärt werden, wie man im Dreck gräbt, aber vielleicht sind ein paar Worte darüber, wonach man gräbt, hilfreich. Wie wäre es mit dem Vergraben eines Schatzes, den ein Kind mithilfe eines Metalldetektors finden kann? Vielleich buddelst du eine kleine Fallgrube, in die deine Freunde hineinfallen? Wieso machen wir es nicht wie die Hunde und wühlen unbekümmert die Erde auf? Etwas Nützliches zu tun, wie das Pflanzen von Blumenzwiebeln, bedeutet viel Graben, und dafür brauchst du nicht einmal deinen eigenen Garten (siehe das Kapitel „Selbstloses Schenken“ auf Seite 95).

Und jeder Zweijährige sagt dir, dass das Verfüllen von Löchern fast genauso viel Spaß macht wie das Ausheben (was auch übrigens verhindert, dass Spaziergänger hineintreten und sich den Fuß verstauchen).

Gehe also nach draußen und atme die mit Mikroben beladene Bodenluft ein. Dein Körper und dein Geist werden sich dafür bedanken.

60

Waldluft schnuppern

Ab und zu riechst du einen Duft, der sofort die Vergangenheit heraufbeschwört: dein erster Freund, das Parfum deines alten Klavierlehrers oder die Küche deiner Großmutter. Der Geruchssinn ist insofern einzigartig, als er mit dem limbischen System verknüpft ist, in dem Erinnerungen und Emotionen verarbeitet werden. So ist deine Nase nicht nur dafür da, um zu prüfen, ob deine Milch sauer ist, sondern ist gleichsam ein Tor zu deiner Gefühlswelt und deinen immerwährenden Erinnerungen.

Der Wald ist voller Leben, was Anregungen für den Geruchssinn und nachhaltige gesundheitliche Vorteile bietet. Ein wenig frische Luft zu schnappen ist jedoch mehr, als nur tief einzuatmen – in der Waldluft befinden sich etliche Partikel, die deinem Körper tatsächlich guttun. Durch das Einatmen unterschiedlicher Gerüche verlangsamt sich die Atmung, was das parasympathische Nervensystem stimuliert und die physischen Stressreaktionen verringert; zugleich nimmt man dabei eine Vielfalt an Mikroben auf, die vorteilhaft für die Körperchemie sind.

Viele Waldgerüche, die du imaginär heraufbeschwören kannst, indem du einfach nur weiterliest, führen zu emotionalen und physiologischen Reaktionen. Das Riechen bestimmter Arten von Nadelbäumen wie Kiefern, Zedern und Tannen, deren Holz ätherische Öle, sogenannte Phytonzide, enthält, senken erwiesenermaßen den Cortisolspiegel und stärken das Immunsystem.

Die grünen ätherischen Öle, die von Pflanzen und Gras beim Schneiden, Zerstoßen und Harken freigesetzt werden, können beim Einatmen Stress abbauen und die Leistung beim Lösen von Gedächtnisaufgaben verbessern. Und wenn du einen Moment innehältst, um den Boden zu riechen, auf dem du gerade stehst, wirst du Mikroben kennenlernen, die die Serotoninproduktion und die kognitive Funktion fördern.

Nimm die Gerüche im Wald auf, um deinem Gehirn neue, positive Eindrücke zu liefern, sodass dein Körper eine Reihe gesundheitsfördernder Veränderungen in Gang setzt. Bemühe dich bei deinem nächsten Waldspaziergang, all die verschiedenen Düfte – auch die abstoßenden – in dir aufzunehmen: zerdrückte Blätter, vermoderndes Holz, verrottende Pflanzen sowie mit Wasser getränkte Böden und Blumen. Lege deine Nase an eine Kiefer und nimm den Duft ihrer Rinde wahr; wer weiß, vielleicht wirst du den Baum sogar noch umarmen.

61

Blattkunst

Die Herbstmonate verwandeln die Wälder in eine Farborgie. Inspiriert von der größten aller Künstlerinnen, nämlich Mutter Natur selbst, kannst du ein schönes Kunstwerk schaffen, indem du einfach nur einige Blätter sammelst und zur Schau stellst.

Die Blätter lassen sich leicht als eine einheitliche Farbmasse von Gelb, Rot und Orange sehen, aber wenn du genauer hinschaust, sind die einzelnen Farbvariationen an einem einzelnen Baum scheinbar grenzenlos. Blätter an einen Stamm zu heften macht dann richtig Spaß, wenn du die verschiedenen Farben der Blätter am selben Baum findest. Halte daher Ausschau nach einer Buche mit ihren tränenförmigen, gezahnten Blättern; nach einem Kirschbaum und seinen länglichen, gesägten Blättern, und nach der Platane mit ihren typischen, ahornförmigen Blättern.

Sammle etwa 20 Blätter von einer bestimmten Baumart, deren Farbspektrum von einem noch vollen Grün über ein geflecktes Gelb oder Rot bis hin zu Braun und spröden Blättern reicht. Die Suche danach gibt dir reichlich Gelegenheit, deinen Kopf von anderen Gedanken frei zu bekommen, da du dich ganz auf die unzähligen Formen und Farben konzentrierst, die vor dir auf dem Boden liegen.

Als Nächstes suchst du einen Weißdornstrauch und sammelst für jedes Blatt einen Dorn sowie ein paar mehr als Ersatz. Umfasse die Dornen am Ansatz und biege sie nach unten, dann brechen sie vom Zweig ab.

Jetzt kreierst du ein Kunstwerk aus Blättern, und zwar indem du sie so anordnest, wie sie sich innerhalb ihres Jahreszyklus farblich verändern. Nutze die Dornen als Reißzwecken zum Befestigen deiner Blätter an einem Baum oder einem gefällten Stamm, entweder in Form einer Spirale, als Reihe oder wie auch immer du möchtest. Die Auseinandersetzung mit den natürlichen Konturen des Baumes wird dich inspirieren, ein einzigartiges Stück Land-Art zu schaffen.

Das Schöne an einem solchen kleinen Kunstwerk besteht darin, die richtigen Materialien zu suchen, die Blätter auf ihre Merkmale hin zu untersuchen und sie gezielt anzuordnen. Wenn du fertig bist, wirst du mit einem Gefühl der Stille und der Eintracht den Wald verlassen. Dein Arrangement der Blätter jedoch wird bleiben, um jemand anderen zu erfreuen.

62

Leben in Symbiose

Wir verwenden oft das Wort „symbiotisch“, um eine funktionierende und gesunde zwischenmenschliche Beziehung zu bezeichnen. Allerdings dient das Adjektiv eher dazu, die biologische Beziehung zwischen den Organismen zu beschreiben. Die Fokussierung auf das gesellschaftliche Geben und Nehmen der Menschen lenkt etwas von der schönen Kraft der Organismen der Erde ab, harmonisch zu interagieren.

Achte bei einem Waldspaziergang auf Flechten, die oft an Felswänden wachsen. Denn hier profitieren sie von dem Halt, den das Gestein bietet, und von einem sonnigen Platz, an dem sie gedeihen können. Gleichzeitig scheiden Flechten auch Säuren aus, die den Untergrund angreifen und den Felsen erodieren, aber schließlich auch die Entwicklung neuen Lebens unterstützen. Solltest du Flechten an einem Baum sehen, kannst du davon ausgehen, dass sie Nahrung und Unterschlupf für Insekten bieten.

Beobachte Insekten bei der Bestäubung: Die ankommenden Insekten, angelockt durch süßlich riechende und helle, farbenfrohe Blüten, saugen Nektar auf und hüllen dabei ihre Körper mit Pollen ein, die sie dann auf andere Blüten übertragen und dadurch befruchten.

Schaue Würmern zu, wie sie die Erde zersetzen und verteilen, während sie sich durch den Boden bewegen. Auf diese Weise verhindern sie die Bildung bestimmter Schimmel- und anderer Pilze, die das Wachstum und die Gesundheit einzelner Ameisenkolonien beeinträchtigen würden. Das Überleben des Regenwurms und der Ameise, die sonst nichts verbindet, ist so untrennbar miteinander verbunden.

Die Beziehungen der Kreaturen, die zum Überleben voneinander abhängig sind, lassen sich in der ganzen Natur bewundern. Wenn du also das nächste Mal im Wald bist, grabe ein wenig Erde um. Bei der Freisetzung von Mikroorganismen trägst du zu ihrem und deinem Fortbestand bei.

63

Wunschbaum

Der Drang, unsere tiefsten Wünsche auszudrücken, war stets ein wichtiger Teil des menschlichen Zusammenwirkens, und Bäume stehen seit Jahrtausenden sowohl für die Adressaten als auch für die Hüter dieser Wünsche. Ob wir Münzen in die Rinde schlagen, Schuhe in die Baumkrone werfen oder Glückwunschkarten und Schleifen an die Äste binden: Der Baum steht immer bereit, unsere Sehnsüchte zu empfangen und sie hoffentlich zu erfüllen.

Ein Wunschbaum muss aber nicht mit Schleifen oder Schuhen verziert werden, um Wünsche wahr werden zu lassen; es genügt, die Worte gegenüber dem Baum zu artikulieren. Es muss jedoch ein besonderer Baum sein, zu dem du immer wieder zurückkehrst. Wähle also einen aus, der zugleich erhaben und geheimnisvoll ist, der seine einzigartigen Merkmale hat (an dem du mitunter bei einem ganz besonderen Spaziergang vorbeigehst) und den du regelmäßig – vielleicht mit Freunden und deiner Familie – aufsuchst.

Kleine Kinder, neue Freunde oder eine frische Liebe: Sie alle sollten zu dem Baum gebracht werden, um ihm gegenüber ihre Wünsche zu äußern. Den Kindern müsste natürlich gesagt werden, dass sie ihre Wünsche laut aussprechen oder auch nur flüstern können, damit der Wind sie weiterträgt (Ersteres macht es für Erwachsene einfacher, erhört zu werden). Ob du daran glaubst, dass die Wünsche in Erfüllung gehen oder nicht: Der feierliche Aufwand, einen ganz besonderen Baum zu besuchen, um einen Wunsch zu äußern, kann ein wunderbares Erlebnis sein. Darin besteht der wahre Zauber des Wunschbaumes.

64

Kontemplation am Wasser

Stell dir ein Kind vor, das an einem lauen und luftigen Sommertag auf dem Bauch liegt und auf einen Teich blickt. Dieses Bild einer vollkommenen Kindheit auf dem Lande vermittelt Ruhe und Zufriedenheit. Jeder Mensch sehnt sich, zumindest ein wenig, nach dieser heiteren Gelassenheit.

Diese Ruhe lässt sich tatsächlich finden, vorausgesetzt, es macht dir nichts aus, dass dein Hemd schmutzig wird. Mache das Gleiche wie das Kind: Lege dich ans Ufer eines Teiches, Flusses oder Baches und betrachte die Welt, die sich dort verbirgt.

Das Leben unter Wasser weiß nichts über das Leben jenseits der Wasseroberfläche. Für die Insekten, Fische und all die anderen Lebewesen gibt es keine andere Welt als die, die vor sich hinplätschert und auf die du gerade schaust. Beobachte das rege Treiben dieser Lebewesen, die Art, wie sie sich fortbewegen, und ihr Zusammenspiel.

Wenn du dort liegst, kannst du das Schattenspiel der Wolken auf der Wasseroberfläche, den Geruch des Bodens und die Geräusche des umliegenden Waldes genießen. Nach 20 Minuten wirst du feststellen, dass dir die Erfahrung, ein Teil der Natur zu sein, bewusst geworden ist. Und das kann dir sogar ein tieferes Verständnis für die Welt geben, die du bewohnst.

65

Tiere aufspüren: Fußabdrücke

Nichts sieht mehr nach „Naturbursche“ aus als jemand, der sich hinhockt und die Spuren eines wild lebenden Tieres untersucht. Es bedarf lediglich einiger narrensicherer Tipps, um unseren pelzigen Freunden auf die Spur zu kommen – und sich daran zu erinnern, dass die Identifizierung von Fußspuren in der Regel mit logischem Denken, Vermuten und Ausschlussverfahren verbunden ist.

Wer Tiere nach frischem Schneefall, im nassen (aber nicht zu matschigen) Boden, in der Nähe eines Flussufers oder entlang nasser Sandwege verfolgt, wird mehr Glück haben als jemand, der das Gleiche im trockenen Sand oder in einem Weizenfeld tut.

Wenn du eine Spur entdeckst, zähle die Zehen und achte darauf, ob sie mit Klauen versehen sind oder ob es einen „Fersenabdruck“ gibt. Klettertiere haben oft kleinere Klauen als Tiere, die graben, das ist hilfreich für deine Vermutungen über das Tier. Überprüfe auch, ob es Abweichungen zwischen den vorderen und den hinteren Fußspuren gibt (falls es sich um mehrere Spuren handeln sollte). Nimm die Umgebung in dich auf und nutze sie als Hinweis für die tierischen Bewohner, während du die Spuren zu identifizieren versuchst.

Um glaubwürdiger zu erscheinen und mehr Autorität auszustrahlen, solltest du all deine Beobachtungen hinsichtlich der Spuren wie Sherlock Holmes laut aussprechen (auch wenn du keine Ahnung hast, von welchem Tier sie stammen). Falls du dir die Tipps zum Identifizieren von Tieren anhand von Fußspuren, Kot und Knochen nicht eingeprägt hast, dann denke dir am besten etwas aus. Denn wahrscheinlich wissen auch die anderen, die dich begleiten, nicht, zu welchem Tier die Spuren gehören.

Hier ein kleiner Leitfaden zu den Fußspuren bekannter Waldtiere:

Dachse/Otter
5 Zehen vorne und 5 Zehen hinten,
ausgestreckte Krallen

Nagetiere/Eichhörnchen
4 Zehen vorne und 5 Zehen hinten,
mit Krallen

Kaninchen/Hasen
4 Zehen vorne und hinten; der
Hinterfuß ist länger, der Vorderfuß
ist abgerundet

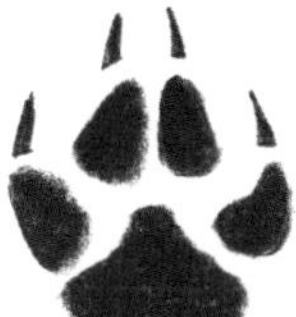

Füchse
4 Zehen vorne und hinten,
mit Krallen

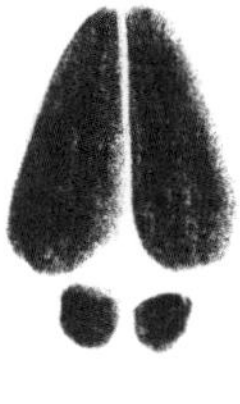

Hirsche/Schweine/Kühe
2 Zehen vorne und hinten,
mit Hufen

66

Stiller Spaziergang zu zweit

Stille. Ein schwer fassbares Konzept, das heute so sehr geschätzt wird, dass man sich gegen Gebühr in einen Raum einschließen lassen kann, um einen Moment erholsamer Ruhe zu finden. Es muss aber nicht unbedingt mucksmäuschenstill sein, um sich erholen zu können, sondern es kann ein Zustand der verbalen und emotionalen Stille sein, die Geist und Körper erquickt. So kannst du Stille auch bei einem Waldspaziergang mit einem Freund genießen; es braucht lediglich ein wenig Vorausplanung.

Unternehmt einen langen Spaziergang auf einer einfachen, vorgegebenen Strecke, sodass ihr unterwegs nicht stehen bleiben und besprechen müsst, welcher Weg einzuschlagen ist. Ihr könnt vorher auch einen von euch als Anführer bestimmen, und der andere folgt ihm. Außerdem müsst ihr euch auf bestimmte Kommunikationsgesten und -berührungen einigen, um euch wortlos zu verständigen.

Eine Unterhaltung ist der häufigste Begleiter bei einem Spaziergang mit Freunden, und die Zeit zu nutzen, um ein intensives Gespräch zu führen, ist zweifellos eine gute Sache. Es liegt jedoch eine ungeheure Kraft in einer geteilten Stille, die für einen neuen Antrieb in der Beziehung zu deinem Freund sorgt. Du wirst natürlich auch wesentlich mehr Dinge in der Natur bemerken, wenn du nicht detailliert ein Blind-Date schilderst, das vergangene Woche schieflief. Ein stiller Spaziergang zu zweit bietet Ruhe sowie die Möglichkeit, die Schönheit der Natur um ihrer selbst willen zu beobachten.

Seid motiviert, euch zu bewegen, aber unterlasst dabei das Reden. Wann immer du etwas Schönes, Interessantes, Sonderbares oder Überraschendes entdeckst, erregst du mittels der verabredeten Gesten und Berührungen die Aufmerksamkeit deiner Begleitung und zeigst auf das Objekt deines Interesses. Lasse ihm/ihr Zeit, deinem Blick zu folgen, den Anblick zu genießen und darüber zu sinnieren. Dann halte einen weiteren Moment inne, bevor ihr weitergeht.

Ein „stiller Spaziergang" am Nachmittag stärkt das Band mit deiner Umgebung und – noch interessanter – vielleicht das zwischen dir und deiner Begleitung.

67.

Akatalepsie

Akatalepsie ist ein altes griechisches Wort, das von den Skeptikern geprägt wurde. Der Kerngedanke ist, dass nichts wirklich erkannt oder verstanden werden kann und dass alle Lebenserfahrungen bis zu einem gewissen Grad subjektiv sind.

Wenn jeder dir sagt, was du tun *musst* und wie es getan werden sollte und sich dabei wegen der eigenen Errungenschaften von fragwürdigem Wert selbst auf die Schulter klopft, bietet diese Philosophie eine gute Möglichkeit, Friede und Zuversicht zu finden, um dich selbst zu erden.

In der Natur zu sein ist eine gute Gelegenheit, die Unmöglichkeit des Verstehens und das Bedürfnis des Menschen nach Ungewissheit in der menschlichen Erfahrung zu erkennen. Stell dir eine Larve vor, die in der Erde lebt. Die Larve *weiß*, dass die Welt dunkel und feucht ist und dass es nur Stille gibt, die manchmal durchbrochen wird von dem unverständlichen, sich wiederholenden Donnern, ausgelöst von einer unerkennbaren Macht. Für diese Larve ist das Leben eine Gewissheit. Doch wir wissen, dass diese Gewissheit nicht der Wahrheit entspricht. Wir verstehen die Zyklen von Tag und Nacht und dass das Donnern einfach nur ein Gewitter mit fallenden Regentropfen ist.

Was aber wissen wir nicht? Gehe in den Wald und stell dir all die Dinge vor, die den kleinen Lebewesen in ihrer Miniaturwelt verborgen bleiben. Danach denke darüber nach, was du alles anerkennen müsstest, das du nicht kennst, und dein Leben nur die Miniaturwelt eines anderen Wesens wäre.

68

Große und kleine Geschäfte im Wald

Es mag etwas peinlich klingen, aber es muss darüber gesprochen werden. Verbringt man mehr Zeit im Freien, muss man auch zwangsläufig seine Notdurft im Wald verrichten. Und es gibt richtige und falsche Methoden, das zu tun.

Der richtige Ort

Der passende Ort für deine Geschäfte wäre natürlich eine Stelle, an der man dich nicht sieht. Jeder weiß, dass Kinder beim Schwimmen ins Meer pinkeln, und du solltest ihrem Beispiel folgen, wenn du bei einem Spaziergang am Fluss Wasser lassen musst. Meide stechende Pflanzen und langes Gras und achte darauf, dass du an einem Gefälle stehst, damit deine Füße oder Schuhe nicht nass werden.

Windrichtung

Auch die Windrichtung spielt eine Rolle, wenn man seine Geschäfte im Freien verrichtet. Männer stehen mit dem Rücken zum Wind, Frauen sollten sich beim Hocken dem Wind zuwenden. Ihr könnt das gerne anders herum ausprobieren, um den Sinn des Ganzen besser zu verstehen.

Auf die Hocke kommt es an

Nirgends ist die Ungleichheit zwischen Mann und Frau größer als beim Toilettengang im Freien. Männer haben es leicht: Ihr müsst diesen Abschnitt nicht lesen. Beim Hocken halten Frauen den Po gerne recht hoch, um bloß nicht in Kontakt mit der Natur zu kommen. Besser ist es jedoch, möglichst tief in die Knie zu gehen, sodass der Beinbizeps (der sich an der Rückseite des Oberschenkels befindet) die Waden berührt. Auf diese Weise besteht der kleinste Abstand zwischen deinem Körper und der Natur. Die Wahrscheinlichkeit, dass du in dieser Haltung Beine und Schuhe bespritzt, ist eher gering. Schüttle deinen Slip auch etwas aus, bevor du ihn wieder hochziehst. Denn sich so in die Natur zu hocken, ist gewissermaßen eine Einladung für Kleintiere, an Bord zu springen. Und Geschichten von Frauen, die auf dem Heimweg eine Zecke im Slip finden, sind leider nicht der Stoff, aus dem Geschichten vom Lande geschrieben werden.

Große Geschäfte

Fakt ist, dass du vielleicht irgendwann einmal ein großes Geschäft im Wald machen musst. Basta. Merke dir daher bitte die folgenden Tipps:

Erledige dein Geschäft niemals in der Nähe eines Flusses oder Baches. Dadurch schädigst du das Wasser, und es ist schlecht für die Tiere, die flussabwärts leben. Meide auch Gegenden, in denen Wildtiere ihre Wege und Pfade hinterlassen haben (Dachspfade, von Hirschen geschlagene Breschen und dergleichen).

Als Erstes gräbst du ein Loch. Es muss nicht sehr tief sein, aber mache das Beste daraus. Solltest du keinen Spaten dabeihaben, benutze einen Stock oder deine Schuhspitze, um für eine Vertiefung von etwa 5 cm zu sorgen.

Begib dich in die Hocke wie bei Kniebeugen. Dass Kniebeugen vorteilhaft sind, wissen wir längst. Falls du sie noch nicht absolvierst hast, ist dir etwas entgangen.

Lasse niemals Feuchttücher auf dem Boden liegen. Solltest du solch ein Tuch benutzen müssen, stecke es in deine Tasche und nimm es mit nach Hause, denn es baut sich biologisch nicht ab. Toilettenpapier ist eine bessere Option, aber auch das kann von den in freier Natur lebenden Tieren wieder ausgegraben und verschleppt werden. Daher ist es besser, ein Ampferblatt oder ein ungiftiges Blatt zum Abwischen zu benutzen. Allerdings wirst du merken, dass das Abwischen beim richtigen Hocken weniger vonnöten ist.

Okay, da dieses Thema nun auch vom Tisch ist, blättere einfach um und lasse uns mit einigen außergewöhnlichen Waldabenteuern weitermachen.

69

Ein Hoch auf den Apfelbaum!

Lasse dich von den Schwarzmalern nicht davon abhalten, im Winter in den Wald zu gehen und dort das in Teilen Großbritanniens immer noch beliebte Apple Wassailing zu zelebrieren (eine alte Tradition zur Huldigung der Obstgärten, um für eine reiche Ernte im nächsten Herbst zu sorgen). Wer nicht glaubt, dass das Singen und Schreien im Wald im tiefsten Winter für eine bessere Ernte sorgt, hat nicht genug Zeit unter Obstbäumen verbracht.

Eine Tradition, die so alt ist wie der Apfelwein selbst, hat das Apple Wassailing im Laufe der Jahrhunderte viele Formen angenommen. Dazu gehören alte, überlieferte Lieder, Tänze und Segenswünsche, die in leicht abgewandelten Varianten zu Hause oder in Obstgärten im Süden und Südwesten Großbritanniens dargeboten werden. Wenngleich ihre amerikanischen Verwandten versuchten, das Wassailing mit über den Großen Teich zu nehmen, wurde es von den Puritanern untersagt, nachdem mehrere randalierende Gruppen es an sich rissen und für eher schändliche Zwecke nutzten. Die Amerikaner übernahmen später einige der Wassailing-Bräuche; bekannter ist heute das Haus-zu-Haus-Betteln gegen Ende Oktober.

Ursprünglich am 5. oder 6. Januar, am Dreikönigsfest, oder am 17. Januar gefeiert, finden die Feierlichkeiten des Wassailing (sinngemäß ein Trinkspruch: „Auf gute Gesundheit“) heute zur Wintersonnenwende statt. Wassailing wird immer noch in einigen verstreuten Nestern Großbritanniens praktiziert. Das Hauptaugenmerk – an welchem Ort auch immer – liegt darauf, nach der Sonnenwende, wenn die Tage wieder länger werden, hinaus in die Natur zu gehen und die Apfelbäume wachzurütteln, um eine gute und gesunde Ernte zu gewährleisten.

Eine spezielle Ausrüstung ist nicht erforderlich, aber du kannst Musikinstrumente, Kochgeschirr, Glöckchen und Bänder mitbringen. Wenn du magst, stellst du dich unter einen Apfelbaum und erzählst ihm, was für schöne Sachen du mit den Äpfeln des vergangenen Jahres angestellt hast. Im Anschluss kannst du ein Loblied auf die Pflaumen singen, das du dir zusammenreimst, oder du feierst die Früchte des Haselstrauches, indem du mit einer Bratpfanne um ihn herumläufst und dabei auf die Pfanne hämmerst und einen Höllenlärm veranstaltest. Wer weniger kreativ ist, kann dieses alte Gedicht rezitieren:

Auf deine Gesundheit, alter Apfelbaum,
Auf das du knospest, auf das du blühest!
Und du genügend Äpfel tragen magst!
Die Hüte voll! Die Mützen voll,
Scheffel- und scheffelweise die Säcke voll!
Und meine Taschen, auch sie seien voll! Heißa!

Natürlich bedarf es keiner Ausrede, um mit einem trüben Apfelwein einen Trinkspruch zu erheben. Wenn jedoch unsere Vorfahren es für nötig befanden, auf die Gesundheit des Baumes anzustoßen, sollte man das Schicksal lieber nicht herausfordern.

70

Dadirri

Das *Dadirri*, eine alte Technik der Aborigines, meint sowohl das aufmerksame Zuhören als auch einen Bewusstseinszustand, der durch Stille und Ruhe erlangt wird. Der zentrale Grundsatz lautet, dass sich Verständnis am besten in der Stille des aufmerksamen Zuhörens einstellt; dass ein Mensch, der Dinge beobachtet und sie sich entwickeln lässt, einen besseren Einblick in das Wesen ihres Daseins hat und ihren Platz in der Schönheit der Natur versteht.

In unserer künstlich erschaffenen Welt aus Städten, Gebäuden und – vermeintlich – unverzichtbaren Habseligkeiten ist es leicht, uns als die Herren der Welt zu sehen und nicht so sehr als ihre ureigenen Geschöpfe. Die Ausübung des *Dadirri* ermöglicht es dir, dein Sein in der Natur zu verankern, gewissermaßen als Gegenmittel zur künstlichen modernen Welt.

Suche dir einen bequemen Platz unter den Bäumen und schließe für zehn Minuten deine Augen. Statt der Welt nur zuzuhören, stellst du dir vor, dass die Welt dich beobachtet. Stell dir vor, wie du für die Lebewesen und Pflanzen um dich herum aussiehst, riechst und welchen Eindruck du auf sie machst. Ein Teil der natürlichen Welt zu werden, statt sie zu beobachten, ist der erste Schritt zu *Dadirri*.

Der nächste Schritt besteht darin, intentional zu denken. Teile deine verbleibende Zeit in vier Abschnitte ein und konzentriere dich jeweils auf die folgenden vier Punkte: Höre allen Geräuschen zu, die du wahrnimmst; achte darauf, wie sich die Natur auf deiner Haut anfühlt (der Wind in deinem Gesicht, der Boden unter deinen Füßen); richte deine Aufmerksamkeit nur auf Dinge, die du in deiner Nähe siehst, und nimm schließlich alle Gerüche in dich auf.

Indem du dich selbst zum Objekt der beobachteten Natur und dann diese Beobachtungen mit deinen eigenen Sinnen machst, wirst du ein besseres Gefühl für die Kraft und die Energie der Welt um dich herum bekommen und auf dem Weg sein, einen Zustand von *Dadirri* zu erreichen.

71

Knoten binden

Knoten zu binden ist, wenn man es richtig macht, eine überaus zufriedenstellende Tätigkeit und sehr hilfreich, wenn du einmal etwas zusammenbinden musst.

Kreuzknoten

Das ist ein einfacher Knoten, gleichwohl ist er sehr fest und leicht wieder zu lösen. Er bietet sich so ziemlich für jeden Zweck an, ist aber vor allem dann recht praktisch, wenn du ein Seil um etwas schlingen möchtest, etwa um Stöcke, die du für ein Feuer sammelst. Das Beste aber am Kreuzknoten ist, dass du bereits weißt, wie man ihn bindet! Er wird einfach mit der typischen Schuhschleife gebunden.

1. Schritt

Nimm jeweils ein Seilende in die Hand, lege das linke kreuzweise über das rechte, stecke das linke Ende durch die entstandene Schlaufe und ziehe die beiden Enden voneinander weg.

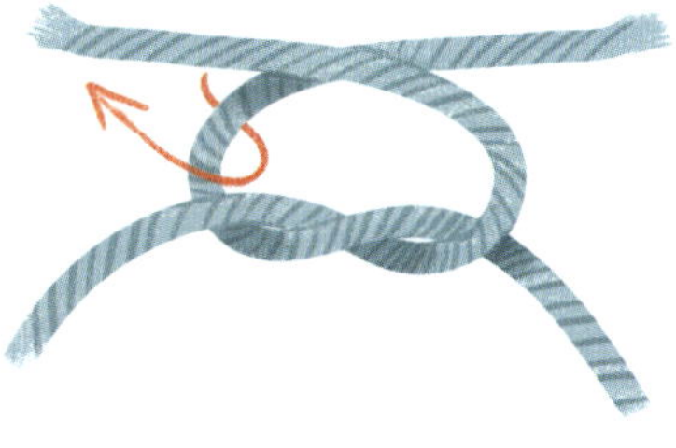

2. Schritt

Jeweils ein Ende in der Hand haltend, legst du das rechte über das linke, steckst das rechte Ende durch die Schlaufe und ziehst. Fertig!

Ankerstich

Als Ankerstich bezeichnen Kletterer und Bushcrafter (Personen, die Überlebenstraining absolvieren) diesen Knoten, mit dem ein Seil an etwas anderem festgebunden werden kann. Sofern beide stehenden Seilenden gleich stark belastet sind, bleibt der Knoten fest und kann im Nu wieder gelöst werden.

Wenn du schon einmal einen Kofferanhänger an ein Gepäckstück befestigt hast, hast du bereits einen Ankerstich gebunden. Der Knoten ist aber auch nützlich, wenn du ein Seil an einem wirklich schweren Baumstamm, der einen Hügel hinaufgezogen werden soll, befestigen möchtest. Oder deinen Hund an einem Geländer anbinden musst, weil er nicht mit in deine Kneipe darf, oder du dir einen neuen Vierleiner-Lenkdrachen zugelegt hast und alle Leinen einhängen musst, aber die Anleitung gerade vom Winde verweht wurde.

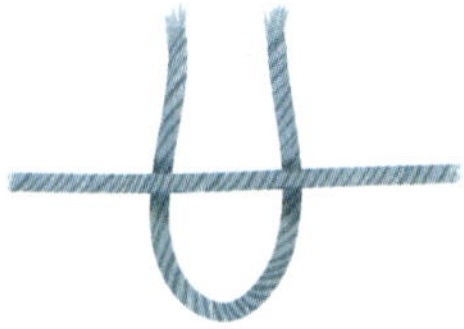

1. Schritt

Falte ein Stück Seil in zwei Hälften und lege es über ein anderes Seil.

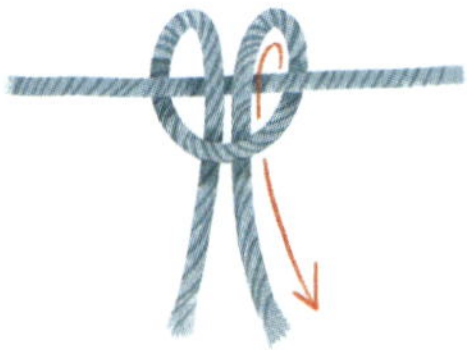

2. Schritt

Nimm die beiden Seilenden der Schlinge, lege sie von oben über das andere Seil und ziehe sie durch die Schlinge. Das Ganze sieht aus, als hättest du ein kleines „q“ und „p“ geschaffen.

3. Schritt

Ziehe die beiden Enden straff. Klasse!

Palstek

Das Schöne an Bäumen ist, dass sich ein Seil kinderleicht an ihnen befestigen lässt. Und das Schöne am Palstek oder Seemannsknoten ist, dass er fest, leicht zu binden und schnell wieder zu lösen ist. Das sind eigentlich drei schöne Dinge, aber wer zählt schon mit. Du hast vielleicht seit deiner Kindheit nicht mehr daran gedacht, aber wenn du in einem Waldsee schwimmen gehen möchtest (siehe Seite 140), könntest du ein Seil mitnehmen, das du an einem überhängenden Ast festbindest und dich dann mit Schwung und voller Adrenalin ins Wasser fallen lässt.

Der Palstek ist leicht zu erlernen und stark genug, sodass das Seil auch bei den anspruchsvollsten Abenteuern hält, da es sich unter Druck zuzieht. Und wenn du fertig bist, ist der Knoten leicht zu lösen, ganz gleich, welches Gewicht er halten musste.

1. Schritt
Halte ein Stück des Seils auf Armlänge in deiner linken Hand und bilde mit der gleichen schlenzenden Bewegung wie beim Kreuzknoten eine Schlaufe.

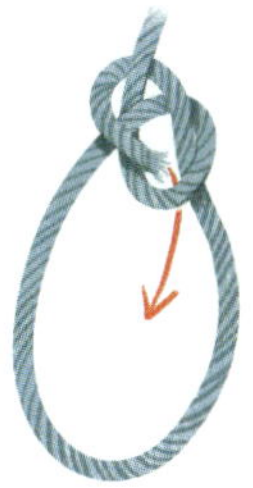

2. Schritt
Drehe das untere freie Seilende hinter die Schlaufe und stecke es durch sie hindurch.

3. Schritt
Lege das freie Seilende hinten um das stehende Ende, ziehe es wieder nach vorne und lasse es in die Schlaufe fallen. Nun ziehst du am freien Ende und schon hast du eine kräftige Schlinge.

Die Schlinge am Ende des Palstek ist auch als Haltegriff hilfreich, solltest du einmal in einen Brunnen oder ein anderes Loch fallen und herausgezogen werden müssen. Der Knoten ist also recht praktisch.

72

Natürliche Navigation

Nach dem Aufspüren eines Kothaufens und der Identifizierung des dafür verantwortlichen Tieres ist die Navigation ohne Kompass oder GPS eine todsichere Methode, um Ruhm und Ehre in der freien Natur zu erlangen. Das könnte eines Tages, wenn du dich verirrt hast, recht hilfreich sein.

Du hast dich möglicherweise bereits nach der Sonne orientiert, um herauszufinden, in welcher Richtung Norden liegt. Wir alle wissen, dass die Sonne im Osten aufgeht, oder? Nun, wo der Sonnenaufgang stattfindet, hängt vom Monat ab: Zur Wintersonnenwende befindet sich die Sonne an ihrem „tiefsten“ Punkt und geht daher eher im Südosten als genau im Osten auf, und umgekehrt findet der Sonnenaufgang im Sommer eher im Nordosten statt. Solltest du dich verirrt haben, sodass dir nichts übrig bleibt, als dich an den Sternen zu orientieren, könntest du in die Bredouille kommen und Hilfe rufen müssen.

Wenn du jedoch nur ein paar Stolperschritte von deinem Zelt entfernt bist und du wie ein Astronom die Sterne beobachten möchtest, dann merke dir Folgendes: Um den geografischen Norden zu bestimmen, musst du den Polarstern (Solaris) ausfindig machen. Dazu musst du erst den Großen Wagen und die beiden Polweiser finden, die sich auf der äußersten Seite des „Kastens“ befinden. Verlängere den Abstand zwischen diesen beiden Sternen (Merak und Dubhe) um das Fünffache nach oben, dann stößt du auf den Polarstern. Der geografische Norden liegt direkt darunter.

Die Formen der Bäume sind verlässliche Richtungsweiser, denn im Allgemeinen wachsen sie besser auf der der Sonne zugewandten Seite und zeigen dort einen volleren Wuchs. Darüber hinaus neigen sich Bäume oft vom Wind ab; wenn du also die Windrichtung kennst, aus der der Wind in einer bestimmten Gegend üblicherweise bläst, ist das eine alternative Methode, um Informationen zur Orientierung zu erhalten. Bedenke jedoch, dass Bäume, die in dichten Wäldern wachsen, miteinander um Sonnenlicht und Ressourcen konkurrieren. Daher treten diese Merkmale weniger offensichtlich zutage als bei einzelnen, auf Feldern wachsenden Bäumen. Aber auch ein Baumstumpf, dessen Stamm abgesägt wurde und nun seine Ringe zeigt, verrät dir etwas über deine Richtung. Die Ringe liegen nicht genau mittig, sondern etwas versetzt, da der Baum auf der sonnenzugewandten Seite voller gewachsen ist. Suche also nach Ringen, die weiter auseinanderliegen, um die Sonnenseite des Baumes zu bestimmen.

Sich anhand von Flechten an der Baumrinde zu navigieren ist eher eine Denksportaufgabe. Manche Menschen entdecken Flechten an Bäumen und versuchen sich zu erinnern, ob sie eher an der Nord- oder Südseite des Baumes wachsen. Die Antwort ist, dass Flechten, je nach Spezies, ihren Bedürfnissen entsprechend wachsen. Es ist daher nicht so einfach, die Richtung anhand des Flechtenwuchses zu bestimmen. Diese Methode sollte man also am besten vermeiden, wenn man sich im Wald verirrt.

Es ist zwar recht unwahrscheinlich, dass du diese Orientierungshilfen je benötigst. Aber zu wissen, wo genau du dich befindest, sorgt für eine engere Verbindung zwischen dir und der Welt um dich herum. Zudem sind diese Verortungstipps ein angenehmer Zeitvertreib bei einem Waldspaziergang.

73

Regensymphonie

Wer schon einmal in einer hastig aufgebauten Hütte im Regenwald übernachtet oder eine stürmische Nacht unter einer Zeltplane verbracht hat, kennt das musikalische Prasseln der Regentropfen auf ein nicht gedämmtes Dach. Doch auch wenn deine Reisen dich nicht in der Regenzeit in Regenwälder oder auf Campingplätze führen, musst du dennoch nicht auf die Musik des Regens verzichten.

Versuche das allerdings nur, wenn du angemessen gekleidet bist. Eine gute Regenkleidung ist für jedes Abenteuer, das man stundenlang im Regen erlebt, Gold wert. Es steht dir natürlich frei, ein paar andere Gegenstände mitzunehmen, auf die der Regen prasseln kann, um deine eigene Regensymphonie zu komponieren.

Gehe in den Wald und lege dich bäuchlings mit übergezogener Kapuze auf den Boden. Lausche dem Geräusch des Regens, wie er auf deine Kapuze plätschert, entdecke den Rhythmus dieser Töne und genieße auch die zufällig eingestreuten Takte. Solltest du eine kleine Plane in deinem Rucksack haben, hänge sie über ein paar Äste und chille ein wenig. Nimm den neuen Sound in dich auf, sobald der Sturm weiterzieht. Setze dich an eine Pfütze und lausche dem Geräusch der Tropfen, wenn sie auf die Wasseroberfläche auf- und abprallen. Du kannst auch ein Backblech in den Wald mitnehmen. Lege es in die Äste und lasse den Regen auf das Blech fallen. Nun schließe deine Augen und stell dir vor, du wärst mitten im Amazonas und wartest auf den Platzregen. Hier noch ein Experiment: Eine Eiswürfelschale aus Plastik gibt ganz andere Töne von sich als ein Eisbecher aus demselben Material, während eine zwischen zwei Ästen gespannte Frischhaltefolie ein schönes tröpfelndes Geräusch erzeugt und zudem ein optisches Vergnügen ist.

Selbst wenn du mit nichts anderem als mit deiner Regenjacke in den Wald gehst, wirst du überrascht sein, was du alles hörst, wenn du dich auf die unterschiedlichen Geräusche konzentrierst, die von einem Regenschauer herrühren.

74

Kunst im Wald

Zum Glück liegt die Kunst im Auge des Betrachters, sodass in der Einsamkeit des Waldes jeder ein Künstler ist. Und aus der Schönheit des Waldes entsteht Kunst für alle.

Wichtig beim Kunstschaffen im Wald ist, dass du die ganze Zeit über an diejenigen denkst, die vielleicht dein Meisterwerk beim Spazierengehen entdecken. Sie werden begeistert, ja überrascht sein und sich fragen, wer der Schöpfer dieses kleinen Juwels ist. Und hoffentlich dient das für sie als Inspiration, selbst eines Tages ein Kunstwerk für jemanden zu schaffen.

Du könntest einen kleinen Vogel aus Lehm, der auf einem Zweig sitzt, an deiner Straße hinterlassen. Oder färbe die Rinde eines Baumes mit Farbkreide ein – keine Sorge, die Farbe wäscht sich von allein wieder ab und hinterlässt keine Spuren. Und da schadstofffreie Plakatfarbe irgendwann verblasst, könntest du ein Bild malen, das von Spaziergängern entdeckt wird. Oder wie wäre es damit, mehrere Blätter zu Schnüren zu binden und sie wie ein Mobile an einer Bushaltestelle aufzuhängen? Oder mit Steinen eine Skulptur am Wegesrand zu gestalten, eine Spirale oder ein Wort mit Steinen auf dem Boden zu legen?

Was auch immer für eine Kunst du hinterlässt: Sie muss nicht großartig, sie muss einfach nur da sein.

75

Kerzenpfad

In unserer Welt des elektrischen Lichts spricht vieles für die einfache Kerze. Sie verbreitet Romantik, ist nützlich bei Stromausfall und sorgt für einen angenehmen Geruch beim Verbrennen ätherischer Öle. Eine brennende Kerze in einem Kneipenfenster an einem regnerischen Winterabend steht für Gemütlichkeit, denn wir verbinden mit der Kerze Geborgenheit, Wärme und das Gefühl der Zugehörigkeit.

Ein Wald am Abend hat etwas Beängstigendes, wenn die Schatten auf weiße, vom Mondlicht beschienene Gesichter fallen und wenn Wurzeln und Äste nach oben ragen und unsichtbare Gefahren darstellen. Das sollte dich jedoch nicht davon abhalten, die Schönheit des Waldes auch bei Nacht zu genießen, und du wirst sehen, wie romantisch aber auch nützlich es ist, einen mit Kerzen beleuchteten Pfad anzulegen.

Für einen solchen Weg benötigst du ein wenig Zubehör. Schaue in deiner Tasche mit dem Altglas nach, nimm dir so viele Gläser, wie du tragen kannst, und stelle in jedes Glas ein Teelicht. Wenn du Lust hast, bewahrst du ein paar Wochen lang Dosen auf und schlägst mit Hammer und Nagel Löcher hinein, um leuchtende „Kerzenhalter" zu gestalten.

Bei deinem nächtlichen Waldspaziergang lässt du alle 5 bis 7 m eine Kerze stehen, und schon bald siehst du einen kleinen beleuchteten Pfad hinter dir. Wenn du das Ganze noch etwas gruseliger gestalten möchtest, gehst du noch tiefer in den Wald und stellst dir vor, du wärst Hänsel oder Gretel, und die böse Hexe würde dich erwarten.

76

Unbewusste Konzentration

Wenn du beim Autofahren plötzlich merkst, dass du dich nicht mehr daran erinnern kannst, wie du zu deinem Ziel gekommen bist, hast du dich unbewusst konzentriert, oder anders ausgedrückt: Dein Körper hat eine Aufgabe erledigt, ohne sich bewusst darauf konzentriert zu haben. In der Neurowissenschaft wird das *effortless attention* genannt. Ein solcher Zustand, in dem alles von allein zu fließen scheint, bzw. ein Automatismus, der vom Bauchgefühl gesteuert wird, kann von Leistungssportlern und Waldspaziergängern gleichermaßen erreicht werden.

Im Alltagsleben konzentrieren wir uns in der Regel bewusst auf eine zu bewältigende Aufgabe, was unweigerlich mit psychischer Belastung und physischer Aufmerksamkeit verbunden ist, wodurch unsere Leistung insgesamt geschmälert wird. Wenn du deinen Geist darauf trainierst, sich unbewusst zu konzentrieren, kannst du so weiterleben wie bisher, aber ohne all die Anspannung.

Im Wald ist es recht leicht, sich unbewusst zu konzentrieren, du musst deinen Blick nur ständig hin- und herwandern lassen, während du mit einer bestimmten Aufgabe beschäftigt bist. So kannst du Äste für ein Lagerfeuer zerbrechen, ohne jedoch einen Gedanken an das Holz oder das Feuer zu verschwenden. Oder grabe an einer bestimmten Stelle ein Loch und versuche dabei, an nichts zu denken. Und wenn du unter den Bäumen spazieren gehst, lässt du deine Augen von hier nach dort wandern, um gedanklich ganz abzuschalten. Der Wald bietet nahezu unendliche Möglichkeiten für deine visuelle Ablenkung. Daher ist er ein idealer Ort zur Erweiterung des geistigen Horizonts.

Diese Übung dient letztendlich dazu, auch beim Verrichten alltäglicher Aufgaben in diesen Flow der unbewussten Konzentration zu kommen. Wenn du deine Augen hin- und herwandern lässt, arbeitet dein Gehirn etwas autonomer, und das schafft Raum für kreative Gedanken und befreit den Körper von seinen täglichen Stressfaktoren.

77

Guten Tag, Herr Elster

Die Elster ist einer der meistverbreiteten Vögel und wird mit Aberglauben und zahlreichen Legenden in Verbindung gebracht. Neben der Geschichte, dass Noah ihr auf seiner Arche angeblich einen Platz verweigerte, ist die Elster gleichzeitig eine Vorbotin des Verderbens, ein Glücksbringer, eine Diebin und eine Herrscherin des Wetters. Das sind anscheinend jede Menge Attribute, die man einem Vogel auferlegt, aber um auf der sicheren Seite zu sein, sollte man diese alte Tradition einfach übernehmen.

Da Elstern in lebenslanger Monogamie leben, ist eine einsame, männliche Elster potenziell verwitwet, und einem solchen „Witwer" zu begegnen, würde (aus nicht ganz einleuchtenden Gründen) großes Unglück bringen. Um ihm also Respekt zu zollen und sich selbst gegen das Unglück zu schützen, das die verwitwete Elster mit sich bringt, ist es ein alter Brauch, den Hut zu ziehen und den Vogel folgendermaßen zu begrüßen: „Guten Morgen/guten Tag, Herr Elster. Wie geht es Ihrer lieben Frau und Ihren Kindern?"

Regional gefärbte Versionen empfehlen, sich nach der Begrüßung einmal auf der Stelle zu drehen oder den Kragen zu halten und erst dann zu schlucken, wenn man einen Mann in Uniform sieht; oder einen ordnungsgemäßen militärischen Gruß auszurichten; oder dreimal über die Schulter zu spucken; oder Elstern nur vormittags zu begrüßen (vermutlich weil Elstern, die nachmittags allein unterwegs sind, einfach nur ihren alltäglichen Flug von A nach B absolvieren und wahrscheinlich überhaupt kein Unglück bringen).

Auf jeden Fall kann es nicht schaden, ein bisschen mehr Glück in den Alltag zu bringen. Und da die Menschen jammern, dass Manieren der Vergangenheit angehören, wäre es nicht schön, einem Vogel ab und zu mit etwas altmodischer Höflichkeit zu begegnen?

78

Tiere aufspüren: Kot oder Losung

Hinterlassenschaften von Wildtieren, auch Losung genannt, sind gute Merkmale für die Identifizierung der Waldbewohner, und es gibt keinen Grund, zimperlich zu sein, wenn man die Natur verstehen will. Natürlich möchtest du den Kot nicht auseinanderbrechen, um nach Knochen und Federn zu suchen, die darauf hinweisen, was das Tier zum Mittagessen hatte. Die folgenden Abschnitte sind ein kleiner Leitfaden, der dir hilft, allein durch Betrachtung die Häuflein einiger bekannter Waldbewohner zu bestimmen.

Kaninchen

Kaninchen hinterlassen Kügelchen in kleinen Grüppchen mit einem Durchmesser von weniger als 1 cm, die, wenn sie noch frisch sind, eine braune Farbe haben, beim Austrocknen aber blassgrün werden.

Das bescheidene Kaninchen ist fast überall auf der Welt zu finden und hinterlässt leicht erkennbaren Kot. Kaninchen fressen ihre Häufchen, nachdem sie sie zum ersten Mal ausgeschieden haben. Denn sie versorgen die putzigen Tiere mit der wichtigen bakteriellen Darmflora, die ihre Verdauung fördert und ihnen hilft, größer und stärker zu werden. Auch der Mensch kann die harten Pellets nach dem zweiten Ausscheiden essen. Und obwohl sie für uns nur wenige Nährstoffe bieten, wäre es für Kinder doch ein schöner Spaß, wenn Erwachsene sich ab und zu Kaninchenkügelchen in den Mund steckten.

Rehe und Hirsche

Die Losung von Rehen und Hirschen wird mitunter mit dem von Kaninchen verwechselt. Bei genauer Betrachtung sehen die Pellets jedoch eher zylindrisch aus, meist mit einem spitzen Ende. Außerdem klebt Hirschlosung in größeren Mengen zusammen als die kleinen Grüppchen der Kaninchen.

Das Wiederkäuen, also das Hochwürgen und das doppelte Kauen der Nahrung, hat zur Folge, dass die Hinterlassenschaften von Rehen und Hirschen keinen großen Nährwert haben, oft glänzend sowie einheitlich schwarz oder dunkelbraun sind. Der Kot von Rehen wurde vor Kurzem als Überträger von E. coli ausgemacht, die gefährliche Infektionen verursachen. Daher sollte man ihn am besten mit einem Stock untersuchen oder aus der Distanz betrachten.

Fuchs

Fuchskot hat eine klassische, längliche Form, wie sie auch dem Menschen und anderen Fleischfressern eigen ist.

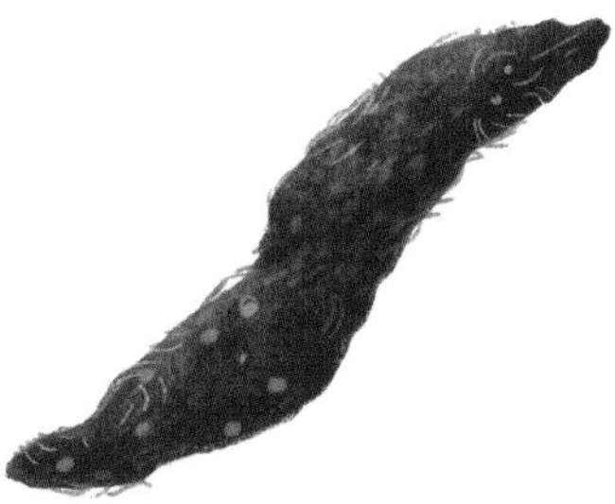

Im Kot von Füchsen, die auf dem freien Land leben, lassen sich manchmal unverdaute Stücke der aufgenommenen Nahrung entdecken, etwa Fell, Federn und Samen. Die Ausscheidungen von stadtnah lebenden Füchsen sind jedoch heller und, abgesehen von ihrem markanten Moschusgeruch, nur schwer von Hundehaufen zu unterscheiden. Man muss ihn schon aus der Nähe betrachten, um den Unterschied zu erkennen.

79

Beruhigendes Feuer

Ins Feuer zu starren ist etwas, das Jung und Alt überall lieben. Und obwohl jeder auf seine Weise unterschiedliche Erfahrungen damit sammelt, sind doch alle im gleichen Maße von der Faszination und der Ruhe eines Feuers angetan.

Bewegen sich die Augen, muss das Gehirn ständig neue Eindrücke aufnehmen. Ruht dein Blick jedoch auf den Flammen eines Feuers, muss das Gehirn keine neuen Informationen verarbeiten und kann sich eine Pause gönnen. Es blendet alles andere um sich herum aus und konzentriert sich nur auf das Feuer.

Halte deinen Blick auf die Flammen gerichtet und achte auf ihre verschiedenen Farben, Bewegungen und Muster. Sollten deine Gedanken zu alltäglichen Dingen wie Einkaufen, Wäsche waschen und Terminen abdriften, dann konzentriere dich einfach wieder auf das Feuer und besinne dich nur auf das, was du vor dir siehst. Eine Stunde vor dem Feuer zu meditieren ist Erholung und Beruhigung für Körper und Geist.

80

Haarwasser aus Schachtelhalmen

Was könnte einen zufriedener machen, als struppiges und wuscheliges Haar in lange und volle Locken ohne Spliss zu verwandeln? Wohl kaum etwas.

Willkommen in der Welt der Schachtelhalme; der Fluch eines jeden Gärtners, eine Sporenpflanze, die auf Landwegen wächst und Unkrautvernichtungsmitteln trotzig widersteht. Nur wenige Gärtner würden den Anbau von Schachtelhalmen für einen bestimmten Zweck fördern. Dabei enthalten sie viel Kieselsäure, was sie zu einem guten und häufig verwendeten Bestandteil in handelsüblichen Haarprodukten macht.

Schachtelhalme sind leicht an ihren haarigen, zapfenähnlichen Sprossen zu erkennen, die einem Zipfel ähneln. Du erkennst die Halme, wenn du sie siehst; sie erwecken den Eindruck, als wären sie ein zufälliges Überbleibsel aus dem Zeitalter des Jura (sie gehören immerhin zu den sogenannten lebenden Fossilien). Schachtelhalme sind für den Menschen völlig harmlos und sehr ausdauernde Pflanzen, pflücke also das nächste Mal mehrere Handvoll davon, wenn du welche siehst.

Stelle mehrere Halme davon für etwa eine Stunde in kochendes Wasser und bewahre das Wasser in einem Glas in der Dusche auf. Trage das Tonikum wie eine Haarspülung dort auf, wo du kräftigeres und weicheres Haar wünschst.

81

Ziele setzen

Stell dir Folgendes vor: Ein kleiner Junge sitzt am Lagerfeuer auf einem Baumstamm und isst zufrieden sein Plätzchen. Er hat seinen Plan für diesen Tag verwirklicht. Und dieser Plan lautet: Ein Plätzchen am Lagerfeuer essen.

Die Botschaft ist einfach: Sich für einen bestimmten Tag etwas vorzunehmen muss nichts Beschwerliches oder Beängstigendes sein. Es muss nur etwas sein, das du an diesem Tag für dich selbst unternehmen möchtest. Nimmt man sich jeden Tag etwas Bestimmtes vor, hebt das nachweislich die Stimmung und lässt einen positiver in die Zukunft blicken; also sollte das zur Gewohnheit werden.

Suche dir einen Ort in der Natur, an den du dich jeden Morgen begibst, um deinen Plan für den Tag festzulegen, da du auf diese Weise am ehesten gute Ergebnisse erzielst. (Wir wissen, dass der Aufenthalt in der Natur Stress abbaut und die Motivation erhöht, daher liegt es nahe, dass dies ein guter Ort ist, um Entscheidungen zu treffen.) Falls du nicht in einem Waldgebiet oder in der Nähe eines Waldes wohnst, tut es auch ein öffentlicher Park. Sollte auch das nicht möglich sein, betrachte ein Bild, das die Natur zeigt, während du deine Entscheidung triffst. Denn es ist erwiesen, dass allein die Betrachtung eines Fotos mit natürlicher Szenerie die Stresshormone im Körper reduziert. Wenn du also jeden Morgen dasselbe Bild betrachtest, wird auch das funktionieren.

Denke an deinem Ort darüber nach, was du an diesem Tag erreichen möchtest. Wähle deine Entscheidung mit Bedacht und mache die Dinge nicht zu kompliziert, indem du über große Ziele und Projekte sinnierst. Einen Keks am Lagerfeuer zu essen ist, wenn du zehn Stunden in Meetings sitzen musst, vielleicht etwas zu hochgesteckt; aber einen Keks um elf Uhr morgens zu essen ist weniger schwierig zu verwirklichen. Sich regelmäßig Ziele zu setzen und zu erreichen, verbessert das allgemeine Wohlbefinden. Im Laufe der Zeit wirst du dir immer höhere Ziele setzen – gut so. Eines Tages sitzt du vielleicht an einem Lagerfeuer und isst noch vor der Mittagszeit einen Keks.

82

Nahrhafte Nesseln

Die vielgeschmähte Brennnessel wird oft mit brennenden Stichen in Verbindung gebracht und sollte daher gemieden werden. Doch sie enthält mehr Nährstoffe als viele der im Supermarkt erhältlichen Gemüse, die wir zu Smoothies und Suppen pürieren. Und Nesseln wachsen nicht nur in Hülle und Fülle auf der gemäßigten Nordhalbkugel, sondern kosten auch nichts.

Ursprünglich wurde die Brennnessel von den Römern in ganz Europa exportiert und galt lange Zeit als eine bewährte und leicht anzubauende Pflanze. Bei feuchtem, warmem Wetter ist die Brennnessel praktisch nicht zu bändigen. Die Römer bündelten die Blätter zu Ruten und schlugen sich damit auf die nackte Haut, um sich zu wärmen und für eine bessere Durchblutung zu sorgen. Darüber hinaus wurden Brennnesseln zur Behandlung von Rheuma sowie für kulinarische Zwecke verwendet.

Brennnesselblätter pflückt man am besten im Frühling, wenn sie noch jung und zart sind. Das Brennen der Stiche lässt sich vermeiden, wenn die Blätter in Wasser eingeweicht oder gekocht werden; sie ergeben auch ein leckeres gekochtes Gemüse, das ähnliche Vitamine wie Spinat enthält, allerdings mit mehr Eiweiß. Eingeweichte Brennnesseln eignen sich für Smoothies, Suppen oder Nudelsoßen; tatsächlich können sie überall als Ersatz für Spinat dienen. Gib nur keine rohen Blätter in deinen Salat, es sei denn, du willst ein unangenehmes Brennen im Mund verspüren.

Brennnesseltee ist ganz einfach zuzubereiten: Pflücke (mit Handschuhen) eine Handvoll Blätter und lege sie in einen Glaskolben, den du zuvor mit kochendem Wasser gefüllt hast. Lasse sie im Wasser ziehen, seihe die Blätter mit einem Sieb ab und genieße anschließend dein Getränk. Brennnesseltee dient der Entwässerung, verbessert die Vitaminzufuhr, senkt den Blutdruck und kann einfach nur als leckeres Heißgetränk getrunken werden.

83

Zahlen, bitte!

Mit der Entstehung der primitiven Agrargesellschaften vor etwa 12.000 Jahren hat der Mensch Methoden und Zahlen eingeführt, um mit ihnen zu rechnen, Handel zu betreiben und Werte beziffern zu können.

Da das Zählen schon seit Tausenden von Jahren im menschlichen Gehirn verankert ist, ist letzteres wohl gut geeignet dafür. Die einlullende Wiederholung und der bewährte Rhythmus der Zahlenmuster beruhigen und besänftigen den Geist.

Für Menschen, die noch nie die Anzahl der Stufen zwischen ihrem Auto und ihrer Haustür, die Treppen der von ihnen betretenen Häuser oder die roten Autos auf der Autobahn gezählt haben, mag diese Vorstellung etwas verrückt klingen. Wer jedoch ständig alles und jeden zählt, ist wahrscheinlich schon dabei, Schafe, Scheunen oder Zaunpfähle während seines Spaziergangs zu zählen.

Wenn du nicht zu diesen Menschen gehörst, warum versuchst du es nicht einmal einen Tag lang? Du musst dir die Zahlen nicht aufschreiben oder merken. Gehe einfach los und zähle das, was du bei deinem Waldspaziergang siehst: Vögel, Baumstämme, Zaunübertritte oder nur deine Schritte.

Zweifellos kratzt man sich hier am Kopf. „Warum sollte ich einen schönen Spaziergang mit Zählen verbringen?“, magst du dich fragen. Antwort: Wenn du zählst, kannst du an nichts anderes mehr denken. Und wenn du wirklich erfrischt von einem Waldspaziergang zurückkehren möchtest, darfst du deine Zeit nicht damit verbringen, über Tabellen oder über Beleidigungen in den sozialen Medien zu grübeln. Versuche, deinen Geist komplett zu leeren, bis auf die Zahlen, und du wirst deine Ruhe finden.

84

Gib deinem Wald Namen

Wenn du stets an dieselben Orte in der Natur zurückkehrst, wirst du schnell merken, dass du dich ihnen verbunden fühlst. Vielleicht beobachtest du, wie eine bestimmte Hecke zu blühen beginnt, oder du hast irgendwo am Bach deinen Lieblingsplatz.

Was auch immer deine Lieblingsplätze sind: Du entwickelst eine ganz neue Verbundenheit zu ihnen, wenn du sie benennst. Aus welchem anderen Grund sollten die ersten Siedler, Invasoren und Entdecker des 16. Jahrhunderts den Orten Namen gegeben haben, die wir heute auf den Karten lesen?

Du könntest deine Orte natürlich mit geografischen Beschreibungen benennen, sodass über die Herkunft der Namen gar nicht erst Zweifel aufkommen – denke an Sandy Bottom Creek (Bach mit Sandboden) oder Lookout Mountain (Berg mit Aussicht). Aber warum sollte man die Orte nicht nach der Person benennen, die dort in der Nähe lebt, wie Ben's Hill? Oder nach dem, was du am liebsten tust, wenn du an deinem Lieblingsplatz sitzt – der Stein des Philosophen oder Hungriger Baum?

Wichtig ist: Hast du deine erfundenen Namen verinnerlicht, sage sie in Gedanken auf und sprich sie aus, wenn du dich mit Freunden unterhältst. Wenn du diese Namen nennst, als bezeichneten sie echte und bekannte Orte, werden bald alle Waldspaziergänger deine Lieblingsplätze beim Namen nennen und, siehe da, du bist der neue Amerigo Vespucci.

85

Solarofen

Die Kraft der Sonne zu nutzen und ihr Licht direkt auf deine kleinen Marshmallows zu leiten ist eine spaßige Angelegenheit, die für dein Mittagessen sorgt. Schau dich im Wald nach einer sonnigen Lichtung um, wo du diesen kleinen Ofen aufbauen kannst. Zuvor solltest du jedoch, wie bei jeder anderen Wärmequelle auch, die trockenen Blätter vom Boden beseitigen, damit er nicht plötzlich zu schwelen beginnt.

Für den Bau eines Solarofens bedarf es ein wenig Vorbereitung, aber es sind nur ein paar Dinge und dein Essen, die du benötigst, also kannst du den Koffer im Keller lassen. Weizenkekse, Schokolade und Marshmallows sind narrensichere Klassiker, aber alles, was sich leicht erhitzen lässt und einen niedrigen Schmelzpunkt hat, funktioniert: Eier, geriebener Käse auf Brot oder eine Dose Würstchen.

ZUBEHÖR

- Ein alter Pizzakarton
- Schwarzes Papier oder Farbe (einschließlich Pinsel)
- Frischhaltefolie
- Alufolie
- Messer
- Das Gericht deiner Wahl

Anleitung

Schneide aus der Mitte des Deckels deines Pizzakartons eine quadratische Lasche aus und beklebe ihre untere Seite mit Alufolie; der Boden des Kartons sollte entweder schwarz gestrichen oder mit schwarzem Papier ausgekleidet werden. Lege die Kekse, die oben mit Schokolade überzogen sind, und einen Marshmallow (oder ein anderes Lebensmittel deiner Wahl) auf die schwarze Fläche und versiegele die Schachtel mit Frischhaltefolie. Richte die Schachtel zur Sonne aus und achte darauf, dass sie direkt auf die Folie des Deckels scheint und zu deinem „Ofen“ weitergeleitet wird. Je nach Temperatur dauert es nur wenige Minuten, bis die Schokolade zu blubbern und zu schmelzen beginnt. Um ein Ei zuzubereiten, brauchst du wesentlich mehr Zeit (20 bzw. 15 Minuten), aber das Warten (in der Sonne) lohnt sich.

Wie mit so vielen Dingen besteht das Gute an einem Solarofen nicht unbedingt im Schmelzen eines Marshmallows, sondern in der Erkenntnis, wie vielseitig und nützlich die Welt, in der wir leben, doch ist.

86

Rituelles Wandeln

Ob du nun religiös bist oder nicht: Es hat seinen Reiz, einem Brauch zu folgen, der in fast jeder Religion seit Anbeginn der Zeit in irgendeiner Form besteht. Abgeleitet von den lateinischen Wörtern *circum* (dt.: ringsumher) und *ambulare* (dt.: umhergehen) bedeutet der englische Begriff *circumambulation* (Umkreisung) mehr als das einfache Herumgehen im Kreis.

Eine richtige zeremonielle Umkreisung schreibt vor, dass man dreimal im Uhrzeigersinn um etwas herum gehen muss (das ist übrigens auch die Richtung des Blutkreislaufs im Körper). Es gibt auch Ausnahmen; mache dir also keine Sorgen, wenn es zu Orientierungsproblemen kommt. Traditionsgemäß umkreiste man einen religiösen Schrein, aber dieser Brauch wurde auch vollzogen, um junge Babys zu segnen, um Dankbarkeit für Nächstenliebe zu zeigen, oder er war Teil einer Hochzeitszeremonie – immer dann, wenn man das Gefühl hatte, dem Ganzen müsste etwas mehr Würde verliehen werden.

Suche dir einen Baum aus und umrunde ihn dreimal, während der Baum stets in Sichtweite bleibt und du dich nicht von anderen Gedanken ablenken lässt. Du könntest das anlässlich eines besonderen Ereignisses tun oder einfach nur, um dich selbst für einen Augenblick zu entschleunigen. Du wirst merken, dass deine Teilnahme an einem Ritual, das schon seit Jahrtausenden praktiziert wird, für einen Moment der Stille an einem ansonsten hektischen Tag sorgt.

87

Fischkitzeln

Ja, es ist tatsächlich möglich, einen Fisch nur mit den Händen und deinem Verstand zu fangen, und ja, das wird wirklich als Fischkitzeln bezeichnet. Krass!

Zunächst musst du dir jedoch im Klaren darüber sein, dass das Kitzeln von Fischen im strengsten Sinne des Wortes Wilderei ist, also solltest du es lieber in einem Fluss tun, in dem es erlaubt ist. Dieses Geschick ist jedoch nicht so einfach und es ist auch nicht illegal; wenn du also eine Forelle in deine Hände nimmst und sie wieder freilässt, landest du nicht im Gefängnis. So, jetzt aber runter zum Fluss.

Forellen sind besonders leicht zu fangen, da sie sich oft unter einem überhängenden Flussufer verstecken. Beginne deine Suche stromabwärts, denn Fische schwimmen immer flussaufwärts (ansonsten würden ihre Kiemen von der Strömung überflutet). Wenn du flussabwärts gehst, störst du nicht das Wasser, und die Fische merken nicht, dass du kommst.

Erspähst du einen Fisch oder einen Überhang, unter dem sich ein Fisch im Wasser versteckt, näherst du dich ihm, wobei deine Hände sich bereits unter Wasser befinden. Schiebe eine Hand unter den Schwanz und streichle dann, mit nur einem Finger, sachte und wiederholt seinen Bauch. Das versetzt den Fisch in eine Art Trance und gibt dir gerade genug Zeit, seinen Bauch zu umfassen. Halte ihn jedoch gut fest, da er sofort anfängt zu zappeln, um sich zu befreien.

Nun hast du zwei Möglichkeiten: Wirf den Fisch ans Ufer, schlage ihm auf den Kopf, um ihn zu betäuben, dann töte ihn, nimm ihn aus, filetiere und säubere ihn und brate oder grille deinen Fang über einem Lagerfeuer. Oder lasse den Fisch wieder frei, damit er im Fluss glücklich weiterleben kann. Du hast die Wahl.

88

Wildschwimmen

Das Schwimmen in der freien Natur ist Balsam für die Seele und auch eine besondere Möglichkeit, sich an der Welt zu erfreuen. Man kann sich dabei allerdings auch mit der Weil-Krankheit infizieren, also sollte man etwas vorausdenken. Im Internet kursieren etliche Tipps für sichere Badeplätze; du musst also nicht Ferdinand Magellan sein, um eine gute Stelle zu finden.

Wenn du einen Badetag an einem Fluss im Wald planst, solltest du dir mit einem Seil eine Schaukel bauen, mit der du dich direkt bis in die Flussmitte schwingen kannst. Verbringst du deinen Tag hingegen an einem mäandernden Bach im Wald, nimm die nötigen Utensilien mit, um nach dem Baden ein wärmendes Feuer zu entfachen. Manchmal, aber nicht immer, ist es nötig, erst die Erlaubnis des Grundbesitzers einzuholen, um schwimmen zu gehen oder ein Feuer zu machen; informiere dich also vorher.

Das Wildschwimmen ist ein lohnenswerter Zeitvertreib, der Spaß macht. Wenn du dir ein paar einfache Vorsichtsmaßnahmen merkst, wird auch nichts schiefgehen. Gehe stets in Begleitung eines Freundes, am besten mit einem, der schwimmen kann. Trinke niemals das Wasser, so verlockend es auch sein mag, denn Bakterien sind in jedem Flusswasser in Hülle und Fülle vorhanden. Nach dem Schwimmen solltest du auch eine Cola trinken, da die darin enthaltenen chemischen Substanzen jegliches Ungeziefer töten, die es bis in deinen Bauch geschafft haben. Falls du verklumpte blaugrüne Algen an der Wasseroberfläche siehst, gehe dort nicht schwimmen, denn das kann zu einem juckenden Ausschlag führen, der einige Tage anhält. Und schließlich solltest du in freien Gewässern nie mit dem Kopf zuerst eintauchen; denn die Wassertiefe ist ganz unterschiedlich und lässt sich nicht aus der Froschperspektive bestimmen. Die sichersten Badeorte fürs Wildschwimmen findest du im Internet, mit Informationen über Strömungen, Wassertiefen und Bakterien, zusammengestellt von den einschlägigen Experten.

Das Schwimmen in der freien Natur, insbesondere in Unterwäsche, kann selbst an den trübsten Tagen für Heiterkeit sorgen. An Flüssen, Seen und Bächen genießt du einzigartige Erlebnisse, ob du nur knöcheltief durchs Wasser watest oder ganz hineinspringst.

89

Die Unbekümmertheit des Seins

Wenn du einmal genug von der Achtsamkeit hast, mag jetzt der Zeitpunkt gekommen sein, dich etwas weniger geistig zu engagieren, oder anders ausgedrückt: Schalte dein motorisches Gedächtnis ein und lasse deiner Fantasie freien Lauf. Der Begriff Unbekümmertheit suggeriert einen Zustand, in dem das Gehirn auf der Grundlage älterer Erfahrungen funktioniert und Aufgaben erledigt, ohne bewusst darüber nachzudenken und den Gedanken freien Spielraum lässt.

Wer schon einmal eine Wand gestrichen, eine Wiese mit einem Handrasenmäher geschnitten oder den Fußboden auf Händen und Knien geschrubbt hat, weiß, wie leicht es ist, eine bestimmte Arbeit automatisch zu erledigen und die Gedanken schweifen zu lassen. Die Natur bietet endlose Möglichkeiten, das Gemüt zu beruhigen, indem man gedankenlos bestimmte Tätigkeiten verrichtet.

Ein ziel- und planloser Spaziergang, das Harken von Blättern, das Pflücken von Löwenzahn und Brombeeren, das Sammeln von Holz für ein Lagerfeuer, das Graben von Löchern, das Pflanzen von Blumen, das Aufsammeln von Haselnüssen oder einfach jede andere zu erledigende Aufgabe bieten ideale Gelegenheiten, den Gedanken freien Lauf zu lassen.

Man muss sich nicht vorsätzlich auf unbekümmertes Tun einstellen, aber man sollte sich über eines bewusst sein: Die Zeit, die man sich für die Tagträumerei nimmt, bringt die Zeit, die wir bewusst im Hier und Jetzt und die, die wir in den Wolken verbringen, ins Gleichgewicht.

90

Fotografieren im Wald

Bei so manchem Spaziergang möchte man einfach nur schlendern und die Umgebung auf sich wirken lassen, doch manchmal will man auch ein Ziel haben. Wenn das Umherwandern allein nicht ausreicht, bietet sich das Fotografieren an. Es ist zugleich das ideale Gegenmittel zu einem rastlosen Geist, denn die Konzentration auf eine neue und bestimmte Aufgabe hilft, für klare Gedanken zu sorgen.

Suche dir ein Thema: Kreise, Linien, rote Dinge, Spiegelungen, Schatten, Muster, Dinge, die mit „F" beginnen – es gibt unendlich viele Möglichkeiten und kein Richtig oder Falsch. Schnappe dir deine Kamera und begib dich zu deinem Lieblingsplatz im Wald.

Nimm von allen Dingen, die thematisch auch nur halbwegs zu deinem Thema passen, Nah- und Fernansichten auf. Bevor du losgehst, legst du eine bestimmte Anzahl von Fotos fest, die du schießen möchtest. Dann sieh zu, wie weit du deine Fantasie beanspruchen musst, um Motive zu finden, die zu deinem Thema passen.

Später gefällt dir vielleicht jedes einzelne Foto, dann druckst sie alle aus und pinnst sie an den Kühlschrank. Natürlich kannst du auch alle Bilder, ohne sie nur einmal angesehen zu haben, löschen. Für was auch immer du dich entscheidest, denke daran: Die Schönheit liegt in der Methode. Es geht darum, kleine Momente privater Freude zu erleben: immer wenn du auf den Auslöser drückst, um dich daran zu erinnern, dass du heute zum Fotografieren im Wald bist.

91

Selbstgemachte Heckenmarmelade

Angeblich schmeckt nichts besser als das Essen, das man draußen isst. Wir gehen noch einen Schritt weiter und behaupten: Es gibt nichts Besseres als das eigene Essen, das man zuerst im Wald selbst aufgestöbert, anschließend zubereitet und dann gegessen hat. Jeder einzelne Moment des Tages, die Erinnerung an das Pflücken sowie die Freude, die man spürt, für das Essen etwas getan zu haben, verbreiten ein Glücksgefühl und verleihen deiner Mahlzeit eine besondere Note, die dir kein Supermarkt bieten kann.

Dieses Rezept für Heckenmarmelade ist kinderleicht und köstlich zugleich. Es lässt sich jederzeit im Spätsommer zubereiten, und wenn es auch noch ein schöner Tag ist, kannst du den ganzen Nachmittag damit verbringen, Marmelade und selbst gebackenes Stockbrot zu essen.

ZUBEHÖR

- Feueranzünder-Set
- Stieltopf oder tiefe Pfanne
- Zucker
- Löffel

Wenn du auch dein eigenes Brot am Lagerfeuer backen möchtest (Seite 34), bringe den Teig in einem Topf mit.

Es ist Zeit fürs Pflücken. Vergewissere dich, dass du die Heckenfrüchte, wie sie in Kapitel 40 „Essbare Beeren“ (Seite 65) beschrieben sind, erkennen kannst. Du kannst die Beeren nach Belieben kombinieren, und wenn du einige geschälte und entkernte Äpfel hinzugibst, hilft das beim Gelieren der Marmelade, weil sie einen hohen Pektingehalt haben. Ab dem Spätsommer hält uns Mutter Natur ein Füllhorn an Äpfeln bereit. (Auch wenn du dafür über den Zaun des Nachbarn klettern musst.)

Nach dem Pflücken der Beeren wird es Zeit, das Feuer zu entzünden. Sofern das nicht schon geschehen ist, lies dir bitte den Abschnitt „Feuer machen“ (Seite 26) durch und übe das ein wenig, bevor du ein Lagerfeuer entfachst. Das Feuer muss kräftig und groß sein; anschließend lässt du es etwas herunterbrennen, bis es hauptsächlich aus weißglühender Glut besteht, sodass die Flammen nicht hoch bis zum Topfrand züngeln. Allerdings wird sich im Topf ein angebrannter Marmeladenfleck abzeichnen, der sich ewig und drei Tage hält. Während das Feuer brennt, misst du ungefähr die gleiche Menge Zucker und Obst ab und vermischt sie in einem Topf. Solltest du keine Äpfel gefunden haben, nimmst du, damit auch wirklich nichts schiefgeht, Gelierzucker. Rühre die Mischung entweder nach Herzenslust um oder auch nicht, wenn du noch *ganze* Brombeeren in deiner Marmelade haben möchtest. Stelle den Topf auf das Feuer, bis die Früchte und der Zucker zu brodeln und zu kochen beginnen. Der Brei wird allmählich immer dicker, und wenn du mit dem Essen nicht mehr länger warten kannst, dann nur keine Hemmungen, er hat bereits den richtigen Geschmack! Nimm den Topf vom Feuer und lasse ihn fünf bis zehn Minuten abkühlen. Durch den Ruß wird der Topf unweigerlich schwarz; packe ihn also für den Heimweg am besten in eine Plastiktüte.

Falls du so ehrgeizig bist und Teig für ein Stockbrot dabeihast, lege ihn nach dem Aufsetzen der Marmelade auf das Feuer. Wenn nicht, streiche die fertige Marmelade aufs Brötchen, Brot oder Baguette oder lecke sie direkt vom Löffel. Solltest du aber doch dein eigenes Brot gebacken haben, hinterlässt das vom Stock gezogene Brot eine längliche Öffnung, die du mit deiner Marmelade füllen kannst. Das wird ein Fest. Guten Appetit!

92

Natürliche Bewegungsabläufe

Der Mensch führt seit Jahrtausenden ganz natürliche Bewegungen aus, und diese gezielt zu trainieren, ist eine gute Möglichkeit, für einen starken und ausgeglichenen Körper zu sorgen. Das ist umso wichtiger, um im Alter Verletzungen zu vermeiden.

Um aus dem Sitzen vom Boden aufzustehen und sich hinzustellen, ohne dabei die Hände zu benutzen, oder sich in der Mitte des Rückens zu kratzen oder über einen holprigen Weg zu gehen, ohne dabei zu stolpern, bedarf es Beweglichkeit, Gleichgewichtssinn und Kraft. Die wilde und ungebändigte Umgebung des Waldes ist der ideale Ort, um genau in diesen Bereichen die eigenen Schwächen und Stärken zu erkennen.

Der Wald bietet dir zahlreiche Möglichkeiten, um aktiv zu werden: Du kannst über umgestürzte Bäume steigen, über einen Bach springen, dich bücken und hinhocken, um Brennholz zu sammeln, dich unter Hindernissen ducken, Seile an Bäumen aufhängen, um dich zu strecken, durch Brombeergestrüpp kriechen oder über Geröll klettern. Überlege, mit welchen Bewegungen du deinen Körper strapazieren möchtest, und später wirst du feststellen, dass du ihn ganz ohne Fitnessstudio gleichmäßig trainiert hast. Dann denkst du darüber nach, welche Bewegungen du noch machen könntest: in die Hocke gehen, um vielleicht ein großes Geschäft zu erledigen, dich auf den Bauch legen und das Moos im Gras beobachten, oder du kletterst auf einen Baum und schaust dir seine Blüten aus der Nähe an.

Wenn du regelmäßig ein Ganzkörpertraining im Wald absolvierst, stärkt das deine Muskeln härter und nachhaltiger als das Fitnesstraining im Studio allein. Gehe also in den Wald, baue dir einen Unterstand, bereite dir dein Essen über einem Feuer zu und lege dich danach auf den Boden, um etwas zu verschnaufen. Das ist wesentlich effektiver als das Training auf einem Laufband – und es macht mehr Spaß!

93

Wanderstock

Kein Zauberer, Schamane, Geisterbeschwörer oder Apostel, der etwas auf sich hält, würde jemals ohne seinen Stab unterwegs sein. Leider sind diese Berufsfelder heutzutage eher rar und ein Stab als Attribut nutzlos geworden. Das ist schade, denn er erleichtert nicht nur das Gehen, sondern dient auch dazu, dich zu erden. Einige benutzen einen Gehstock aufgrund ihrer eingeschränkten Mobilität, aber diese Gehhilfen sind wahrscheinlich aus Kunststoff, ihnen fehlt die Macht eines richtigen Holzstabes.

Wir leben in einer bebauten Welt aus Betonböden und gehen auf gummibesohlten Schuhen, die uns von einer physischen Verbindung mit der natürlichen Welt abschirmen. Ein Holzstab ist daher ein vermittelndes Verbindungsstück zwischen unserem Körper und der Erde. Lies dazu auch den Abschnitt „Erdung“ (Seite 13), um mehr darüber zu erfahren, aber, um es mit einfachen Worten zu sagen: Betrachte einen Holzstab als ein Teil, durch das die beruhigende Energie der Erde fließt.

Schnappe dir, wenn du durch den Wald gehst, einen halbwegs geraden Stock, der lang genug ist, sodass dein Arm sich im rechten Winkel befindet, wenn er den Boden berührt; aus dir ist jetzt ein Pilger geworden. Die Puristen unter euch, die sich ihren Wanderstock lieber selbst anfertigen wollen, müssen ihr Messer zum Schnitzen mitbringen.

Ein frisch abgeschnittener Ast lässt sich leichter bearbeiten, doch ein gefundener Ast tut es auch, solange er robust und nicht morsch ist. Achte darauf, dass er sich schwer anfühlt und idealerweise an einem Ende eine Gabel hat, in der dein Daumen beim Gehen ruht. Entferne mit deinem Schnitzmesser stellenweise die Rinde und die unschönen Verwachsungen im Holz. Wer etwas fortgeschrittener im Schnitzen ist, kann seinen Stab mit persönlichen Markierungen versehen, die eventuell eine Geschichte aus der Vergangenheit erzählen, mit Namen und Bildern. Oder du verzierst deinen Stock einfach nur mit geometrischen Mustern.

Nun begib dich mit deinem neuen Stab auf einen Spaziergang, eine Pilgerreise oder eine Wanderung. Wofür auch immer du dich entscheidest, nutze die Zeit, um die Verbindung zwischen deinem Körper und der Erde zu spüren. Und denke auch an die Scharen von Zauberern und Schamanen, die diesen Weg bereits vor dir gegangen sind.

94

Zielen und schleudern

Spielvarianten, bei denen ein Objekt geworfen und ein Ziel getroffen wird, sind so alt wie die Kulturen der Jäger und Sammler. Eine der wichtigsten Fähigkeiten, die das Überleben und die Entwicklung unserer Spezies gesichert hat, war vielleicht, mit treffsicherer Genauigkeit zu zielen und zu werfen. Seit Tausenden von Jahren werden Bogen, Speere, Schleudern und Bumerangs für die Jagd genutzt; es ist daher nicht verwunderlich, dass wir diese Tradition in Form von Spielen bewahren und fortsetzen.

Eine Schleuder zu bauen ist relativ einfach, du musst nur ein stärkeres Gummiband bei deinem nächsten Waldspaziergang mitnehmen. Die besten Stöcke für deine Schleuder sind aus grünem Holz, frisch vom Baum geschnitten, da sie recht biegsam sind und dein Projektil noch weiter fliegen lassen.

Suche einen kleinen Ast, der sich in zwei gleich große Arme gabelt, damit deine Schleuder gut ausbalanciert ist. Der Griff sollte etwa 15 cm und die beiden Äste der Gabel je 6 bis 8 cm lang sein. Jetzt befestigst du nur noch das Gummiband (mit Hilfe eines Kreuzknotens, Seite 117) an der Gabel.

Wenn du mit einem Freund im Wald unterwegs bist, stellt eine alte Dose oder eine Wollmütze als Ziel auf und schießt wie in einem Wettkampf mit Steinen darauf. Vergewissert euch aber, dass sich das Ziel nicht vor dem Picknickplatz deiner Freunde oder auf der anderen Seite eines stark frequentierten Spazierwegs befindet. Ihr könnt euren Wettkampf verschärfen, indem ihr das Ziel immer weiter entfernt aufstellt, aber das solltet ihr unter euch selbst regeln.

Unsere Vorfahren haben Schleudern für die Jagd auf kleine Tiere benutzt, allerdings ist das nicht der Zweck, den *wir* damit verfolgen.

95

Ein Ort der Kontemplation

Wo auch immer du dich gerade befindest: Halte inne, schließe deine Augen und verbringe fünf Sekunden damit, das anzuerkennen, woran du im Moment denkst. Für die meisten Menschen ist das nicht selbstverständlich.

Deshalb brauchst du in deinem Wald einen Ort der Kontemplation. Denn das Sinnieren über das, woran du gerade denkst (oder besser gesagt, die Anerkennung der Gedanken, die dir durch den Kopf gehen), ist eine wichtige, aber nur wenig genutzte Methode, um besser zu entspannen und das Selbstbewusstsein zu fördern. Wenn du an einem solchen Ort im Wald sitzt, geht es vor allem darum, einen physischen Raum zu schaffen, der dir, wenn du ihn regelmäßig aufsuchst, hilft, zu deinem kontemplativen Raum zurückzukehren.

Ursprünglich erdacht, um die Achtsamkeit bei Kindern zu fördern, sind solche Orte der Besinnung heute auch bei Erwachsenen beliebt. Du solltest dir einen bequemen Ort suchen, an dem du fünf Minuten lang in Ruhe sitzen kannst und wo dich idealerweise niemand sieht. Der Anblick der dich unmittelbar umgebenden Fauna und Flora verändert sich zwar im Laufe des Jahres, aber da die Aussicht letztendlich immer dieselbe bleibt, kannst du dich leichter in deine Kontemplation versenken. Und da dieser Ort stets derselbe sein sollte, suchst du dir am besten einen aus, an dem du oft vorbeikommst, sodass du dort für ein paar Minuten verweilen kannst.

Während du dort sitzt und an etwas Bestimmtes denkst, wie „Ich wünschte, ich wüsste, was für ein Vogel das ist“, „Ist das die Autobahn, die ich höre?“ oder „Was soll ich heute Abend kochen?“, versuchst du, diesen Gedanken anzuerkennen. Sage dir dann im Stillen „Ich denke an diesen Vogelgesang“, „Ich denke an den Verkehrslärm“ oder „Ich überlege, was ich heute Abend essen soll“. Entscheidend ist, die eigenen Gedanken zu beobachten, ohne sie zu werten.

Der Sinn dieser Übung besteht darin, dein Gehirn zu trainieren, das anzuerkennen, woran du gerade denkst, sodass du schließlich beginnst, auch in deinem Alltagsleben so vorzugehen. Indem du deine Gedanken und Gefühle anerkennst, bist du letzten Endes in der Lage, dich von diesen Gedanken zu distanzieren, und das gibt dir die Möglichkeit, den damit verbundenen Stress abzubauen. Wenn du dich das nächste Mal überfordert fühlst, schließt du die Augen, stellst dir die Aussicht vor, die du von deinem Ort der Kontemplation hast, und sagst dir in Gedanken: „Ich fühle mich durch XYZ gestresst.“ Danach solltest du dich sofort ruhiger fühlen.

96

Picknick mit Teddy

Kinder wissen, wie schön ein wirklich gutes Picknick ist. Warum sich also kein Beispiel daran nehmen und das Ganze noch etwas verfeinern? Dies ist kein herkömmliches Picknick, für das schnell die Tasche mit Butterbroten und Getränken gepackt wird, wie es die meisten von uns kennen. Nein, ein echtes, festliches und ernst gemeintes Picknick ist etwas ganz anderes.

Du kannst natürlich deinen Teddybär, deine Puppe oder andere Lieblingsgegenstände deiner Kindheit mitbringen, aber bei einem Picknick mit Teddybär geht es eher um das Event selbst als um den Bären. Um dich besser unterhalten zu können, solltest du vielleicht noch ein oder zwei Gäste einplanen.

Decken, Porzellanteller, bunt zusammengewürfelte Gläser und echtes Besteck sind unerlässlich, müssen aber sicher verstaut werden; entscheide dich also für den richtigen Korb. Die Speisen variieren je nach Geschmack, aber Gurkensandwiches, Erdbeeren, Quiche und Kuchen müssen auf jeden Fall dabei sein. Falls du deinen Holunderblütenlikör dieses Jahr bereits aufgesetzt hast, lege auch den in den Korb. Es gehen dir aber auch keine Freunde verloren, wenn du eine Flasche Prosecco öffnest. Erwünscht sind außerdem Wimpelbänder, ein Glas mit frisch gepflückten Wildblumen und farbenfrohe Kissen zum Anlehnen an die Bäume.

Gehe in deinen Lieblingswald, suche dir ein schattiges Plätzchen und breite deine Decke einladend aus. Um für das gewisse Extra zu sorgen, sollten deine Gäste erst eintreffen, wenn du alles vorbereitet hast, damit sie gerade rechtzeitig zum Tee in deinem eigens inszenierten Zauberland eintrudeln.

97

Auf der Suche nach Dämonen

In ihrem Verlangen nach persönlicher Selbsterkenntnis oder auf der Suche nach dem perfekten Maskottchen für ihr neues Fußballteam lassen sich die Menschen gerne von der Tierwelt inspirieren.

Die alten Griechen glaubten, dass den Menschen bei der Geburt Dämonen als Führer oder Gefährten an die Seite gestellt wurden, die die Charaktereigenschaften der Menschen annahmen und umgekehrt. Im Laufe der Zeit wandelte sich der Dämon vom physischen Inbegriff eines Persönlichkeitsmerkmals zu einer symbolischen Darstellung der Ziele eines bestimmten Menschen während seines gesamten Lebens. Dieses Verlangen, sich mit einem Tier zu identifizieren, das entweder die gleichen menschlichen Eigenschaften oder dem Menschen ähnelnde Verhaltensmerkmale aufweist, zieht sich durch die gesamte Geschichte und durch alle Kulturen.

Die Identifizierung deines Dämons bedarf keines besonderen Könnens oder einer bestimmten Erkenntnis. Nutze lieber die passende Gelegenheit und nimm dich für einen Tag etwas weniger ernst; begib dich in die Natur und suche dir ein Tier aus, mit dem du dich aus dem einen oder anderen Grund identifizierst.

Du könntest Millionen Webseiten lesen und an Hunderten Quizzen teilnehmen, die dir bei der Wahl deines dämonischen Tieres helfen. Oder versuche es mit Plan B: Begib dich in den Wald, beobachte die wild lebenden Tiere, denke darüber nach, wie sie sich verhalten und aufeinander reagieren, und suche dir ein Tier aus, von dem du meinst, dass es zu dir passt.

Wenn du oft vom Fliegen träumst, könntest du dich mit einem Schmetterling identifizieren. Vielleicht hast du auch das Gefühl, das Gewicht der Welt ruhe auf deinen Schultern, dann wähle den Regenwurm. Und jemand, der das Laufen und die Freiheit liebt, könnte sich für ein Reh entscheiden. Auch wenn die Tiere, die du in deinem Wald siehst, sich vielleicht auf Schnecken und Rotkehlchen beschränken, vermag der Wald auf mysteriöse Weise deine Fantasie zu erweitern. So wirst du vielleicht feststellen, dass dein persönliches dämonisches Tier, auch wenn du keines siehst, tatsächlich eine Tarantel ist.

Du brauchst niemandem von deinem Dämon zu erzählen, und du musst dich auch nicht für den Rest deines Lebens daran binden. Sich aber einen Nachmittag lang ein Tier vorzustellen, das deine Lebensauffassung teilt, gibt dir das Gefühl, dass du mehr mit der Welt um dich herum verbunden bist.

98

Natürliche Gesichtsmasken

Für eine „reinigende Detox-Flavanone-Schlammmaske mit rosa Tonerde vom Toten Meer“, kann man tatsächlich ein kleines Vermögen ausgeben. Aber für eine etwas rustikalere Behandlung muss man eigentlich nur in den Wald gehen.

Ist dein Lagerfeuer erloschen, bleibt Holzkohle übrig. Warte, bis sie abgekühlt ist und „zeichne“ dann damit auf deinem Gesicht (das fühlt sich an wie Kreide). Das versorgt deine Haut nicht nur mit Mineralien, sondern bietet dir auch die Gelegenheit, dein Gesicht so zu bemalen, wie du möchtest. Holzkohle ist in vielen handelsüblichen Gesichtspflegeprodukten enthalten, weil sie der Haut Unreinheiten entzieht. Da sie aber auch sehr rau sein kann, ist sie für eine regelmäßige Anwendung nicht geeignet.

Die nächste natürliche Kostbarkeit lässt sich nicht an einem einzigen Tag im Wald gewinnen. Wenn du jedoch die Preisschilder auf Gesichtscremes siehst, die Hagebutte enthalten, wirst du froh sein, dich für den langsamen Herstellungsprozess entschieden zu haben. Wildrosenbüsche gibt es im Überfluss, und wenn die Blüten abgestorben sind, hinterlassen sie ein schöne rot-orangefarbene Frucht, die man als Hagebutte kennt.

Bei einem Waldspaziergang im Spätherbst oder im Winter findest du die verlockenden roten Früchte, die wie Leuchtfeuer in der grauen Dämmerung leuchten. Pflücke sie und stecke sie in deine Taschen; du kannst Wildrosen durch das Pflücken der Hagebutten keinen Schaden zufügen. Zu Hause legst du sie in einen Slow Cooker und bedeckst sie mit Oliven- oder Mandelöl. Lasse alles auf der niedrigsten Stufe für acht Minuten ziehen, dann seihe die Stücke mit einem Sieb ab. Das zurückgebliebene orangefarbene Öl wird deine Haut nach dem Auftragen entschlacken, weicher machen und aufhellen.

Die herkömmlichste Zutat in exklusiven Gesichtsmasken ist Tonerde. Unterliege aber nicht dem Irrglauben, die Tonerde vom Himalaya sei besser als die aus deinem eigenen Garten. Der Boden in der Nähe von Flussufern besteht zu großen Teilen aus dieser Erde und enthält viele Mineralien. Reibst du eine Handvoll davon in dein Gesicht und lässt sie trocknen, fühlt sich deine Haut nach dem Abwaschen straff und gereinigt an.

Es macht auch Spaß, den ganzen Körper damit einzureiben, dann hast du eine Ganzkörpermaske. Fange also an zu graben, setze diese Endorphine stimulierenden, im Boden lebenden Mikroben frei und spare bei deiner nächsten Schönheitskur eine Menge Geld.

99

Meditationslabyrinth

Ein Meditationslabyrinth ist ein kreisförmiger, mäandernder Weg, der zu einem Punkt in der Mitte führt. Labyrinthe werden seit Tausenden von Jahren für spirituelle, religiöse und rituelle Zwecke genutzt und erlauben dem Begeher, eine kontemplative und regenerative Einstellung zu entwickeln.

Ein komplexes Labyrinth wie das hier abgebildete anzulegen würde mehrere Stunden dauern, aber wenn du genug Zeit hast, kann es sich lohnen. Steht dir weniger Zeit zur Verfügung, ermöglicht dir auch ein Labyrinth mit nur fünf oder sechs Kurven, deinen Geist zu reinigen, während du Steine oder Stöcke suchst und sie aneinanderlegst. Und es bietet dir einen Ort für zukünftige meditative Spaziergänge.

Du kannst mit dem Bau deines Labyrinths warten, bis du zufällig auf einen Haufen alter Steine triffst. Wenn du jedoch unbedingt gleich eins anlegen möchtest, ohne darauf zu warten, was dir die Natur bereitstellt, lässt sich das Ganze überall mit Hilfe von Stöcken bauen. Du kannst ein klassisches Labyrinth wie das hier gezeigte gestalten, oder du lässt deiner Fantasie freien Lauf und legst mit deinen Materialien dein ganz eigenes Labyrinth an.

Entscheidend ist, dass das Labyrinth nur einen möglichen Weg hat, sodass du nicht überlegen musst, wo es langgeht. Auf diese Weise kannst du deinen Kopf frei bekommen und einen Moment der Ruhe erfahren. Erkenne, während du wandelst, deine vorbeiziehenden Gedanken als solche an und bewerte sie nicht; versuche jedoch nicht, bei ihnen zu verweilen, sondern achte stattdessen auf deine Umgebung. Gehe so lange durch das Meditationslabyrinth, wie du magst; der Weg zum Zentrum und zurück sind derselbe, aber deine Anschauung wird sich deutlich verändern.

100

Engagiere dich als Amateur-Phänologe

Auf der Nordhalbkugel kommt der Frühling heute eine Woche früher als im Jahr 1950. Das rührt nicht von einer natürlichen, zyklischen Temperaturschwankung her, sondern von der globalen Erwärmung. Und wenn keine drastischen Maßnahmen dagegen ergriffen werden, ist das Aussterben vieler Arten, auf die der Mensch angewiesen ist, nur noch eine Frage der Zeit.

Die Phänologie, die Lehre von den zyklischen Ereignissen und jährlichen Schwankungen im Leben der Pflanzen und Tiere, ist eine entscheidende Waffe im Kampf gegen den Klimawandel. Zum Glück ist das eine Aufgabe, die nicht allein den Experten und Forschern überlassen werden muss. Vielmehr brauchen die Wissenschaftler, die die Auswirkungen des Klimawandels untersuchen, jede nur erdenkliche Hilfe bei der Sammlung von Daten aus der ganzen Welt. Dein persönlicher Beitrag könnte ganz einfach sein: Zähle an einem sonnigen Sommertag die Schmetterlinge in deinem Garten.

Wenn Wissen Macht ist, dann stelle dir die Macht eines global angehäuften Wissens über die Klimaveränderungen und deren Auswirkungen auf die Lebenszyklen in der Natur vor. Suche also im Internet nach dem Projekt der Vogelbeobachtung in den Gärten deiner Umgebung oder erkundige dich nach den Projekten zur Zählung der Eintagsfliegen oder der Bienenbeobachtung. In den Vereinigten Staaten listet das USA National Phenology Network Organisationen auf, die nach ehrenamtlichen Laienwissenschaftlern suchen, die sich für solche Dinge engagieren möchten. In Großbritannien sammelt der Woodland Trust die Daten von Amateur-Phänologen. Und in Deutschland gibt es sogenannte phänologische Netze, in denen viele in der Natur gemachte Beobachtungen zusammengetragen werden, gehe hierzu auf: *https://www.planet-wissen.de/natur/klima/phaenologie/pwiephaenologischebeobachtungsnetze100.html*

Die Leitsätze der Phänologie sind einfach: Gehe nach draußen, besuche stets denselben Ort in der Natur und nimm auf, was du siehst. Du kannst frei wählen, ob du lieber die jährlichen Veränderungen der Daten bei den ersten Baumknospen oder die Häufigkeit eines bestimmten Insekts an einem bestimmten Tag erfassen möchtest. Was auch immer du verfolgst: Suche dir etwas aus, dem du auf der Spur bleibst. Jegliche Daten, die die Wissenschaftler erhalten, tragen dazu bei, ein rundes Bild über die Auswirkungen des Klimawandels zu erstellen, ohne das wir keine Lösungen entwickeln können.

Register

A
Akatalepsie 111
Akustische Kontemplation 52
Ankerstich 118
Auffrischung
für die Augen 36

B
Bachhüpfen 84
Barfußgehen 13
Bau eines Unterschlupfes. 90–93
Bär (Yogaübung) 31
Bärlauch 22
Baumklettern 42
Baumkrone, Blick in die 96
Baumschmücken 58
Baumstamm
(Yogaübung) 20
Bäume
Blätter 44
Bäume erkennen 44, 58
Früchte 46
Rendezvous mit einem
Baum 50
Rinde 45
Samen 46
Wunschbaum 105
Beeren 80
Berg (Yogaübung) 30
Beruhigendes Feuer 130
Beinheben (Yogaübung) ....
Besser atmen 74
Birkenbad 10
Blätter 44
Blattkunst 102–103
Body Painting 79–80
Brombeeren 65
Bunter Spaziergang
an grauen Tagen 55
Bussarde 72

D
Dachs 73
Fußspuren 109
Dadirri 116
Dämon 152
Disc-Golf einmal anders 33
Drop-Point-Klinge 11

E
Eichhörnchen 109
Engagiere dich als
Amateur-Phänologe 155
Entspannen in
der Hängematte 48–49
Erdfarbe Kupfer 80
Erdung 13
Essbare Beeren 65–67

F
Falken 72
Feststehendes Messer 12
Feuer machen 26–28, 88,
.... 144–145
Entfachen und löschen 28
Feuerstein und Stahl 26
Stöcke 27
Wattebausch 27
Zunder 27
Zweige 27
Fischkitzeln 139
Fitnesstraining
im Freien 81–84
Natürliche Bewegungs-
abläufe 146
Progressive Muskel-
entspannung 68
Yoga im Wald 30–32 ....
Fluss (Yogaübung) 32
Fotografie
Kunstformen
in der Natur 41
Land-Art
selbst gestalten 75
Fotografieren
im Wald 143

Früchte 45, 46, 115, 144,
.... 145, 153
Fuchs 72, 73
Fußspuren 109
Kot 129
Yogaübung 31

G
Gänseblümchenkette 25
Gedenktag 17
Gefällter Baum
(Yogaübung) 31
Gerüche
Waldluft schnuppern 101
Gesichter aus Lehm 23
Gesichtsmasken 153
Gib deinem Wald Namen ....
Grashalmflöte 69
Guten Tag, Herr Elster 127

H
Haarwasser
aus Schachtelhalmen 131
Hagebuttenöl 153
Hasen 109
Heckenmarmelade 144–145
Hirsch 73
Kot 128
Fußspuren 109
Hobokocher 98–99
Höre den Bäumen zu 40
Holunder
Beeren 66
Halskette aus 51
Holunderblüten-
Krapfen 87–88
Holzkohle 80, 153

I
Insekten
Folge einem Insekt 9
Insektenschutz 56–57

K
Kaninchen 73
Kot 128
Fußspuren 128
Kerzenpfad 124
Klimmzüge am Baum 81
Knoten binden 117–119
Kochen im Freien 98–99
Kontemplation
am Wasser 106
Konzentration,
unbewusste 126
Kreidefarbe 79
Kreuzknoten 117
Krieger (Yogaübung) 30
Kühe 37, 109
Kuhfladen-Frisbee 27
Kunst im Wald 123
Kunstformen
in der Natur 41

L
Labyrinth, Meditation 154
Lagerfeuer 7, 13, 26, 34–
.... 35, 56, 62, 71, 88, 98,
.... 126, 132, 139, 142,
.... 144–145, 153
Land-Art selbst gestalten 75
Lehm
frisch ausgegrabener 79

Gesichter aus Lehm..........23
Gesichtsmasken
aus Tonerde..........153
Liegestütz am Baum..........83
Löwenzahn........18, 24, 88, 142
Gummiband
aus Löwenzahn..........8

M

Meditationslabyrinth..........154
Mehlbeeren..........67
Messer..........11–12
Der richtige Umgang
mit Messern..........59–60
Möwen..........72
Müll aufsammeln..........54

N

Nagetiere..........109
Nahrhafte Nesseln..........133
National Phenology
Network (USA)..........155
Natur..........6–7, 14, 30, 40, 50,
..........53, 55, 58, 61, 67, 74, 75,
..........78, 95, 98, 102, 106, 110,
....112, 113, 114, 120, 128, 132,
.....135, 140, 142, 144, 152, 155
Akatalepsie..........111
Dadirri..........116
Gegensätze erkennen..........89
Kunstformen
in der Natur..........41
Leben in Symbiose..........104
Natürlicher Rahmen..........29
Poesie der kleinen
Dinge..........43
Wabi-Sabi 86..........
Natürliche Bewegungs-
abläufe..........146
Natürliche
Navigation..........120–121

O

Ort der Kontemplation..........149
Otter..........72
Fußspuren..........109

P

Palstek..........119
Party..........71
Picknick mit Teddy..........150
Sommersonnen-
wende..........70–71
Wassailing..........114–115
Phänologie..........155
Progressive Muskel-
entspannung..........68
Pu-Stöckchen..........64

R

Regensymphonie..........122
Rezepte
Hecken-
marmelade..........144–145
Holunderblüten-
Krapfen..........87–88
Nahrhafte Nesseln..........133
Sirup aus Kiefernadeln..........61
Stockbrot..........34–35
Rhinehart, Luke,
Der Würfler..........15
Rinde..........10, 23, 35, 44, 45,
..........50, 51, 66, 73, 78, 83, 85,
.......86, 101, 105, 121, 123, 147
Rituelles Wandeln..........138

S

Saisonal-affektive Störung..........74
Samen..........46, 55, 89, 129
Schaffußklinge..........11
Schatten nachzeichnen..........53
Schleudern..........148
Schnitzen..........11–12, 59–60
Grate gestalten..........78
Schnitzkunst..........76–78
Schweine..........109
Selbstloses Schenken..........95
Sirup aus Kiefernnadeln..........61
Smithson, Robert..........75
Solarofen..........136–137
Sommersonnenwende
Feierlichkeiten..........70–71
Spazieren gehen
und meditieren..........94
Spaziergänge
bei Kerzenlicht..........124
mit Würfel..........15
Spaziergang
statt Sport..........8
Ein bunter Spaziergang
an grauen Tagen..........55
Stiller Spaziergang
zu zweit..........110
Spaziergang
mit Wanderstock..........147
Spiele
Disc-Golf..........33
Kuhfladen-Frisbee..........37
Pu-Stöckchen..........64
Schleudern..........148
Steintürmchen..........24
Stille
Die Stille der 20 Dinge..........17
Stiller Spaziergang
zu zweit..........110
Stockbrot..........34–35
Storchschnabel..........20

T

Tiere aufspüren
Fußspuren..........108–109
Kot oder
Losung..........128¬–129
Spuren und
Hinweise..........72–73
Tipi..........91
Tonerde..........98

U

Unbekümmertheit..........142
Unterschlupf.....54, 90–93, 104
Unterstand..........90–92, 93, 146

V

Vergissmeinnicht..........19

W

Wabi-Sabi..........86
Waldbaden..........47
Waldtagebuch..........62
Wanderstock..........147
Wassailing..........114–115
Wassertrommeln..........16
Weil-Krankheit..........140
Wiesenklee..........21
Wildblumen 7
Gänseblümchenkette..........25
Essbare Wildblumen...18–22
Wildschwimmen..........140
Woodland Trust (GB)..........155
Wunschbaum..........105

Z

Zahlen..........134
Zahnbürste aus Holz..........85
Zeichnen
Kunstformen
in der Natur..........41
Schatten nach-
zeichnen..........53
Zelt..........92
Ziele setzen..........132

Y

Yoga im Wald..........30–32

Register nach Kategorien

Kreativität, Herstellung und Interaktion

Birkenbad 10
Blattkunst 102
Body Painting 79
Die Poesie der kleinen Dinge 43
Gänseblümchenkette 25
Gegensätze erkennen 89
Gesichter aus Lehm 23
Gesichtsmasken 153
Im Dreck graben 100
Grashalmflöte 69
Gummiband aus Löwenzahn 8
Haarwasser aus Schachtelhalmen ... 131
Halskette aus Holunder 51
Kerzenpfad 124
Kuhfladen-Frisbee 37
Kunst im Wald 123
Kunstformen in der Natur 41
Land-Art selbst gestalten 75
Natürlicher Rahmen 29
Pu-Stöckchen 64
Regensymphonie 122
Schatten nachzeichnen 53
Selbstloses Schenken 95
Wassailing 114
Wassertrommeln 16
Zahnbürste aus Holz 85

Walderkundung beim Spazierengehen

Akatalepsie 111
Auf der Suche nach Dämonen 152
Bäume erkennen 44
Disc-Golf einmal anders 33
Ein bunter Spaziergang an grauen Tagen 55
Engagiere dich als Amateur-Phänologe 155
Folge einem Insekt 9
Fotografieren im Wald 143
Gib deinem Wald Namen 135
Guten Tag, Herr Elster! 127
Kontemplation am Wasser 106
Lasse den Würfel entscheiden 15
Leben in Symbiose 104
Natürliche Navigation 120
Rendezvous mit einem Baum 50
Spaziergang statt Sport 38
Wabi-Sabi 86
Wanderstock 147
Wildschwimmen 140

Essen und Trinken

Essbare Beeren ...65
Essbare Wildblumen ...18
Heckenmarmelade ...144
Holunderblüten-Krapfen ...87
Kochen im Freien ...98
Nahrhafte Nesseln ...133
Picknick mit Teddy ...150
Sirup aus Kiefernnadeln ...61
Solarofen ...136
Stockbrot ...34

Meditation, Achtsamkeit und Entspannung

Akustische Kontemplation ...52
Auffrischung für die Augen ...36
Beruhigendes Feuer ...130
Besser atmen ...74
Blick in die Baumkrone ...96
Dadirri ...116
Die Stille der 20 Dinge ...17
Die Unbekümmertheit des Seins ...142
Ein Ort der Kontemplation ...149
Erdung ...13
Feierlichkeiten zur Sommersonnenwende ...70
Fitnesstraining im Wald ...81
Höre den Bäumen zu ...40
Meditationslabyrinth ...154
Natürliche Bewegungsabläufe ...146
Progressive Muskelentspannung ...68
Rituelles Wandeln ...138
Steintürmchen ...24
Stiller Spaziergang zu zweit ...110
Unbewusste Konzentration ...126
Waldbaden ...47
Waldluft schnuppern ...101
Waldtagebuch ...62
Wunschbaum ...105
Yoga im Wald ...30
Zahlen, bitte! ...134
Ziele setzen ...132

Nützliches Geschick im Wald und Überlebenstechniken

Bau eines Unterschlupfes ...90
Der richtige Umgang mit Messern ...59
Die Messerwahl ...11
Entspannen in der Hängematte ...48
Feuer machen ...26
Fischkitzeln ...139
Große und kleine Geschäfte im Wald ...112
Insektenschutz ...56
Knoten binden ...117
Müll aufsammeln ...54
Schleudern ...148
Schnitzkunst ...76
Tiere aufspüren: Spuren und Hinweise ...72
Tiere aufspüren: Fußspuren ...108
Tiere aufspüren: Kot oder Losung ...128

Danksagung

Ich schulde vielen Menschen meinen Dank für alles, was sie mir gegeben haben und ohne die es dieses Buch nicht gäbe. Louise Emerson, meiner Stimme der Vernunft, schulde ich für so ziemlich alles Dank. Bedanken möchte ich mich bei Laura Cragg, Christine Davis, Caitlin Harrison, Rebecca O'Brien und Marie Pyke für unzählige Stunden, die sie mit der Betreuung meiner Kinder verbrachten und dafür, dass sie für die Jungs ein Fels in der Brandung waren. Dank geht an meine Familie der Stonebury Woodlanders, die mir kreative Ideen, praktische Unterstützung, Freundschaft, Zuspruch gaben und mich zum Lachen brachten.

Ich möchte mich bei allen Menschen bei Voices Charity bedanken, die mir geholfen haben, wieder zu atmen; außerdem bei dem wunderbaren Team von Laurence King, insbesondere bei Chelsea Edwards und Zara Larcombe für ihren Glauben und ihre Unterstützung während des gesamten Projekts. Mein Dank geht an Eleanor Taylor für die schönen Illustrationen, die meine Arbeit prächtiger aussehen lassen, als sie ist. Ein Dankeschön auch an Felix und Jake Bailey für ihre Geduld und ihr Verständnis – ihr seid meine Inspiration, meine Liebe und der Grund dafür, warum ich gelernt habe, stark zu sein.